バイオメカニズム・ライブラリー

人体を測る
寸法・形状・運動

バイオメカニズム学会 編
持丸正明＋河内まき子―――【共著】

Biomechanism Library
Measurement of Man : size, shape and motion

Mochimaru Masaaki
Kouchi Makiko

東京電機大学出版局

本書の全部または一部を無断で複写複製（コピー）することは，著作権法上での例外を除き，禁じられています．小局は，著者から複写に係る権利の管理につき委託を受けていますので，本書からの複写を希望される場合は，必ず小局（03-5280-3422）宛ご連絡ください．

バイオメカニズム・ライブラリー発刊の趣旨

　バイオメカニズムとは，人間を含む生物の形態・運動・情報および機能との関係を，工学や医学・生物学などのさまざまな方法論で解析し，その応用を図る学問分野です．同様の研究領域を持つバイオメカニクスと対比させれば，単なる力学的解析ではなく，生物が本質的に内在している「機構」がキーワードになっているといえます．このこだわりが，その後，ロボット工学やリハビリテーション工学に大きく発展することになりました．

　バイオメカニズム学会の創立は1966年で，この種の境界領域を扱う学会としてはもっとも古く，隔年で出版される「バイオメカニズム」は，この分野を先導するとともに，そのときどきの興味と学問水準を表す貴重な資料にもなっています．

　バイオメカニズム・ライブラリーは多岐にわたるバイオメカニズムの方法論や応用例をわかりやすく解説し，これまでに蓄積されたさまざまな成果を社会に還元してさらに新たな挑戦者を養成するために企画されました．これからの高齢化社会で必要とされる身近な介護一つをとっても，バイオメカニズムの方法が負担の軽減や新たな商品開発に多くの示唆をもたらします．生物の仕組みを学ぶこのライブラリーが，これからの社会に求められるより柔軟な発想の源泉になれば幸いです．

バイオメカニズム学会
ライブラリー編集委員会

はじめに

　あなたは自分の「からだ」を表す数値をどれだけ知っていますか？

　身長と体重くらいはご存知でしょう．衣料品を買うために，自分の首回り寸法や胸囲，胴囲，股下の長さ，足長なども覚えておられる方も多いと思います．しかし，自分の足の幅を正確に把握しておられる方は意外にも少ないのです．われわれは，多くの人の足形状計測を実施していますが，その計測結果を知らされて，「自分は足幅が広いと思っていたのに，細かったんだ」という若い人が大勢います．自分自身の「からだ」のことであっても，意外にも正確には把握されていないのです．日本人の体形を考えてデザインされた衣料品も，消費者自身が自分の「からだ」を知らないのであれば正しいサイズを選べず，意味をなしません．衣料品サイズ選びだけではありません．成人病の発生率と胴囲（ウエストサイズ）に関係があると言われているように，人体のかたちや動きは，自分自身の健康状態を表します．つまり，人体のサイズ，かたち，動きは，人間の「からだ」を介して表に現れた本質であり，それを測り，知ることは，われわれが自分自身を，ひいては，人間を知るための第一歩です．

　人体を測るということは，このような人体のサイズや形状，さらにはその動きを数字として記録し，再現するということを意味します．巻尺や体重計で測るというのもその一部ですが，人体を測る方法にはもっと精密で高精度の技術が数多くあります．本書は，人体を新たに測ってみようと考えておられる方々，あるいは，すでに人体計測をしておられるものの計測技術について体系的に学んだことがないという方々に，人体計測の最新技術とデータ処理手法を具体的かつ体系的にまとめたものです．近年，計測機器のデジタル化によって計測の高精度化と自

動化が進んでいます．またコンピュータグラフィクス技術との融合によって計測結果を簡便にわかりやすく提示できるようになってきました．とはいえ，あくまでも「なまもの」を対象とした人体計測ですから，デジタル化や自動化だけで対処しきれない「計測のノウハウ」があります．本書は，実際に人体計測を実践してきた著者によって，いままで語られることのなかった「計測のノウハウ」をお伝えするものです．

　本書の執筆にあたっては，写真や資料の提供をいただきました文化服装学院 伊藤由美子先生，東京大学 山根克先生，(株)ホリカワ 森廣治氏に，厚く御礼申し上げます．また，本書の発刊にあたっては，東京電機大学出版局 石沢岳彦氏にご尽力いただきました．重ねて御礼申し上げます．

　2006年10月

持丸正明，河内まき子

目　次

第 1 章　人体寸法計測 …………………………………………… 1
1.1　人体寸法計測とは ………………………………………… 1
1.2　計測器 ……………………………………………………… 2
1.3　計測点 ……………………………………………………… 7
1.4　人体寸法計測上の留意点 ………………………………… 16
1.5　データの編集 ……………………………………………… 20
1.6　計測精度 …………………………………………………… 23
1.7　人体寸法データの入手方法 ……………………………… 25
1.8　代表的体形の生成 ………………………………………… 30
1.9　人体寸法計測に関する規格 ……………………………… 33

第 2 章　人体形状計測 …………………………………………… 35
2.1　人体形状計測とは ………………………………………… 35
2.2　石膏型取り法 ……………………………………………… 37
2.3　接触式 3 次元デジタイザ ………………………………… 40
2.4　非接触式 3 次元形状計測装置 …………………………… 42
2.5　計測装置の選び方 ………………………………………… 46
2.6　非接触式 3 次元形状計測装置による計測上の留意点 … 53
2.7　形状データ処理 …………………………………………… 62
2.8　応用事例 …………………………………………………… 78

第 3 章　運動計測　　　　　　　　　　　　　　　　　　81

- 3.1　運動計測とは　　　　　　　　　　　　　　　　　81
- 3.2　運動計測法　　　　　　　　　　　　　　　　　　82
- 3.3　計測機の選び方　　　　　　　　　　　　　　　　92
- 3.4　計測上の留意点　　　　　　　　　　　　　　　　99
- 3.5　運動データ処理　　　　　　　　　　　　　　　　105
- 3.6　運動データ表現　　　　　　　　　　　　　　　　114
- 　　【コラム】ジンバルロック　　　　　　　　　　　118
- 3.7　運動データ分析　　　　　　　　　　　　　　　　124

参考文献　　　　　　　　　　　　　　　　　　　　　133
索引　　　　　　　　　　　　　　　　　　　　　　　141

第1章
人体寸法計測

1.1 人体寸法計測とは

　人体寸法とは，文字どおり，人体の一部あるいは全体の寸法です．ただし，だれが測っても，何度くり返し測ってもほぼ同じ値が得られるように，計測する方法がこまごまと統一されています．具体的には，計測時の被験者の姿勢，着衣，計測に使う器具，計測項目の定義，それを決めるために使われる計測点の定義などが定められています．計測点や計測項目の定義は人体寸法計測法の教科書を見ると書いてありますが，どのように計測点をみつけたらよいか，どのように計測器を取り扱ったらよいかを具体的に書いたものはあまりありません．そこで，本書ではバイオメカニズムの分野で使われそうな計測項目と，その定義に使われる計測点を中心に，詳しく説明することにします．

　人体寸法計測に関してはいくつか優良な参考書籍がありますので，ここで簡単に紹介しておきます．ただし，教科書はあくまでも教科書です．実際に計測しようとする場合は，教科書を読んで頭で理解するだけでなく，経験者に教えてもらうのが一番です．百聞は一見にしかず．

　① Martin, R. und R. Knussmann : Anthropologie. Band I.[1]
　日本における人体寸法計測教科書の総本山．いわゆるマルチン式計測法の呼び名のもとになった教科書．各項目に識別番号がつけてあり，この番号を引用すれば定義が明確となるため，しばしば参照される．1914年の初版以来改訂を重ねている．1988年版では人間工学関連の寸法計測法が多く追加された．ただし，

ドイツ語である．

② 鈴木尚：人体計測[2)]

上記マルチン教科書 1957 年版の翻訳．絶版か．

③ 保志宏：生体の線計測法[3)]

上記マルチン教科書 1988 年版の翻訳に近い．見開きページの左側に説明文，右側に項目の図が載っており，説明文もわかりやすい．

④ 保志宏ほか：人類学講座別巻 1　人体計測法[4)]

上記マルチンの教科書の翻訳に近い．人骨計測法とセットになっている．

⑤ 生命工学工業技術研究所編：設計のための人体計測マニュアル[5)]

人間工学設計のための寸法を多数ふくむ．計測点，計測項目ごとに図と写真つきで説明．

1.2　計測器

人体寸法計測で使われる計測器類は，特殊な名前で呼ばれています．ここでは，身長など床面からの高さを測る道具（**アントロポメータ**）と，かなり大きな 2 点間距離や，両側から挟み込むようにして幅を測る道具（**桿状計**(かんじょうけい)）について説明します．なお，使い方は右利きの人が計測する際を想定しています．

アントロポメータと桿状計は，実は同じものです．アントロポメータを買うと，4 本の棒と先のとがった 2 本のものさしが箱ないし袋に入ったセットになっています（図 1.1）．4 本の棒を組み合わせて 1 本の長い棒にし（図 1.2），この棒にそって移動するカーソルにものさしの 1 本を差し込むと，アントロポメータになります．4 本の棒には目盛りがうってありますから，組み合わせるとき，目盛りが 0 からつながるように組み立ててください．また，ものさしをカーソルに差し込むとき，とがった側が下になるよう差し込みます．上下逆に差し込むと，ものさしの厚さ分，寸法が大きくなってしまいます．

組み立てた棒を右手で垂直に持ち，カーソルを動かしてものさしの先端を計測点に当て，カーソルのところで目盛りを読みます．身長を測るときは左手をもの

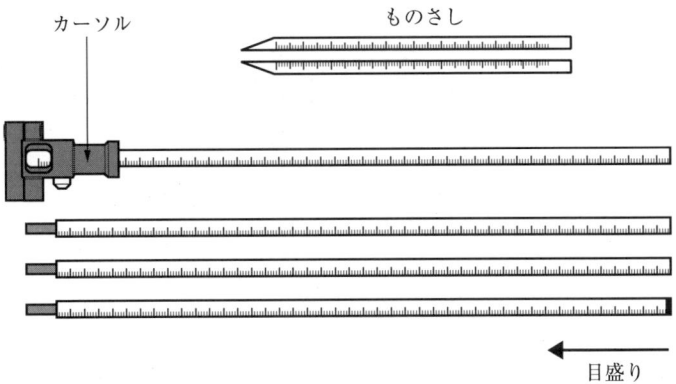

図 1.1 アントロポメータ(組み立て前)

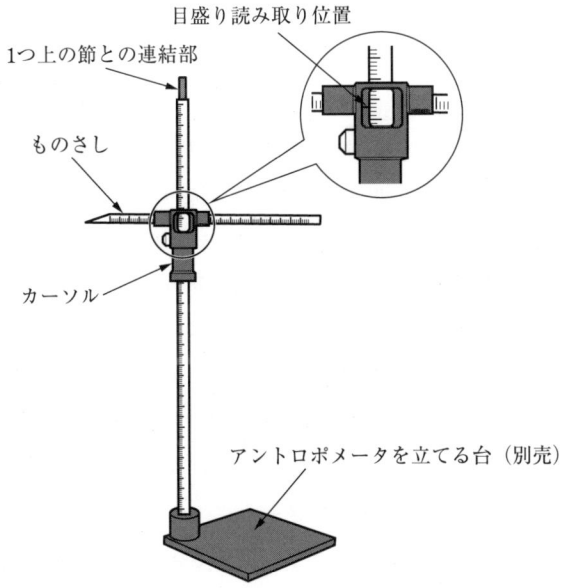

図 1.2 アントロポメータ(GPM 社製)

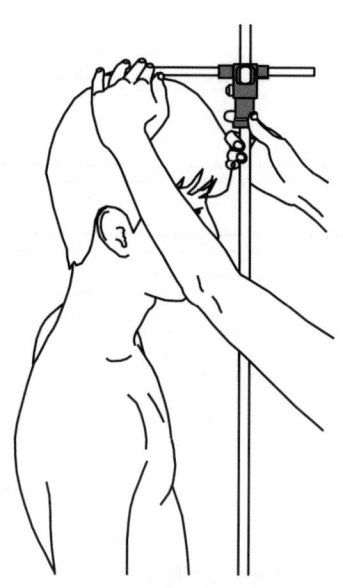

図 1.3 身長の測り方

さしにそえて，ものさしの下縁が被験者の頭頂部にきちんとさわっていることを確認してください（図 1.3）．カーソルの窓で目盛りを読み取る位置はメーカによって異なるので，注意が必要です．図 1.1，1.2 のメーカでは，カーソルのここで読み取れという位置に印がついています．別のメーカでは，カーソルに開いた窓の上端で読み取ります．目盛りは 1 mm きざみでうってあります．1 mm 未満は四捨五入して，mm 単位で数値を読み取ります．

　アントロポメータを使うときに注意しなければならないのは，以下の 2 点です．第 1 はものさしの先端を被験者の眼に近づけないこと，第 2 は組み上げたアントロポメータを倒さないことです．メーカによってはものさしの先端がかなりとがっているので，これで眼を突いたり，倒れてきたときに足に突き刺さったりしたら危険なためです．また，別のメーカのものでは，倒すとものさしが簡単に曲がってしまいます．ものさしだけの別売はしていないので，曲がってしまったものさしのためにアントロポメータを買い替えるような無駄はできません．

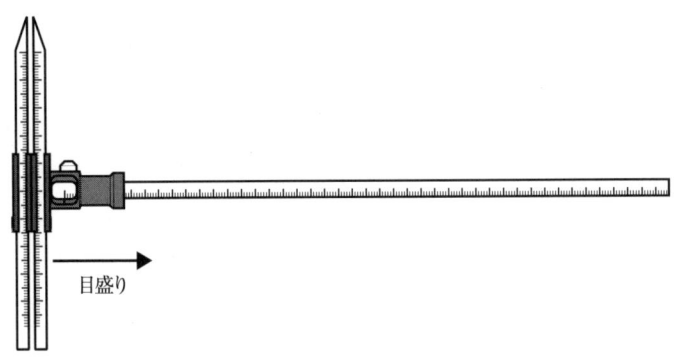

図 1.4 桿状計

　4 本の棒のうち一番上になる棒の先端には，ものさしを差し入れて固定することができます（これを**固定尺**と呼ぶ）．カーソルにもものさしを差し入れて（これを**可動尺**と呼ぶ），2 本のものさしのカーソルから飛び出している部分の長さが同じになるように調節してください．ここが，2 点間距離を測るためのポイントですから，必ず同じ長さにしなければいけません．大きなノギスのようなものができます．これが桿状計です（図 1.4）．このとき，ものさしを差し込む向きに注意してください．アントロポメータにしたとき上 2 本に当たる棒には，裏側にも上端から目盛りがうってあります．こちら側で目盛りを読み取れるように，ものさしを差し込んでください．固定尺を左手で，可動尺の入ったカーソルを右手で持ってください．測ろうとする 2 点に，2 つのものさしの先端を当て，カーソルのところで目盛りを読みます．2 点の距離が大きいときは，2 つのものさしの先端を同時に確認することはできません．このようなときは，ものさし先端が計測点につけたマークに当たっていることを確認し，両者の位置がずれないよう，指先を使って保持します（図 1.5）．さらに，もう一度確認したうえで目盛りを読んでください．

　以上が，アントロポメータと桿状計の使い方の基本です．これら計測器には，以下のメーカの製品があります．決して安いものではありません．購入する場合には，実際にさわって，使い比べたうえで選定するのがよいでしょう．評価のポ

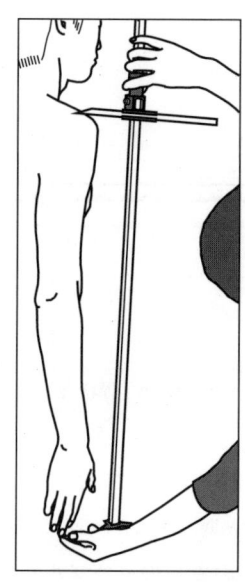

図 1.5　上肢長の測り方

イントは，軽さ（軽いほうが使い勝手がよい），カーソルの動きの滑らかさ（もちろん滑らかに動くのがよいが，手を離したら下にすべり落ちるほど滑らかではいけない），目盛りの読みやすさ（目盛りが赤いものもあるが，黒いもののほうが読みやすい），別売付属品（アントロポメータを垂直に立てる道具，これも軽いメーカと重いメーカがある．軽いものはつけたまま使い，使わないときはそのまま立てておくことができる．図1.2参照）です．値段も考慮して，総合的に判断してください．メーカによってはアントロポメータのことを**身長計**と呼んでいますが，身体検査で使う，背中を柱に押し当てて身長を測る道具（stadiometer：**スタジオメータ**）も身長計と呼ばれています．混乱を避けるためには，アントロポメータと呼ぶほうがよいでしょう．

　アントロポメータで測った身長は，スタジオメータで測った身長よりも数mm〜20 mm程度低くなります．スタジオメータで身長を測る場合は，垂直の柱に背すじを押し当てて，背すじをむりやり伸ばすためです．計測条件のうち

「姿勢」が違うのですから，2つの方法で測った身長は別物とみなすべきです．ここでは，アントロポメータで測る床面から頭頂点までの垂直距離を**身長**，スタジオメータで測る床面から頭頂点までの垂直距離を**最大身長**と呼ぶことにします．旧製品科学研究所で計測した青年男女それぞれ 200 名程度の場合は，両者の差は平均して男性で 8 mm，女性で 4 mm，大きい場合は 20 mm 以上になりました．

現在入手可能なアントロポメータには，(株)山越製作所，竹井機器工業(株) (http://www007.upp.so-net.ne.jp/tkk/)，スイスの GPM 社（日本取扱店は(株)ゼネラルサイエンスコーポレーション，http://www.shibayama.co.jp/jgs/index.html）のものがあります．定価は 15 万円から 30 万円程度です．

1.3　計測点

人体寸法計測に熟練した人が測った人体寸法の再現性はどの程度のものでしょうか．同じ計測者が同じ被験者の身長を2度測ったときの **MAD**（Mean Absolute Difference：2回の値の差の絶対値の平均値）はだいたい 2 mm です[6]．被験者の平均身長は 1714 mm でしたから，誤差は 0.1%程度です．身長は，人体寸法項目のなかでも特に再現性が高い項目です．上前腸骨棘高では MAD が 4.33 mm，上肢長では 2.71 mm でした（どちらも計測精度 0.5%弱程度）．だれでも慣れれば，この程度の再現性で人体寸法を測れるようになるはずです．計測精度を上げるためには，誤差の生じる原因を特定し，それを除くように練習をすればよいのです．

誤差の原因のうち最大のものは，計測点を再現性よくみつけられないことです．教科書には計測点の定義が書いてありますが，具体的にどこをどのようにさわればその点がみつけやすいかまで書いてあるわけではありません．そこで各自工夫して，計測点を再現性よくみつける努力をすることになります．しかしこれをやっているうちに，計測者内の再現性が高くても，計測者間に系統的な差が生じるような場合も起こります．

そこで，本書では一般の教科書よりも丁寧に計測点のみつけ方を解説します．計測点はたくさんありますが，ここでは運動計測に使われる計測点を選びました．身体の右側の計測点をみつける場合を想定していますが，左側でも同様です．基本的には，計測点は部位ではなく点であることを認識することです．そして，計測点にマークをつけるときは，必ず最終的な計測姿勢である**正立位姿勢**（頭部を耳眼面（1.4節(2)参照）が水平になるように保持し，背すじを自然に伸ばし，両足のかかとをつけて立つ．両肩の力を抜いて上肢は自然に下垂する）でマークをつけること，つまり皮膚につけたマークと骨の上の一点である計測点がずれないようにすることです．もうひとつ重要なのは，被験者に力を抜いてもらうことです．特徴点の多くは骨の突起の先端です．このような部位は腱の付着部になっており，筋が緊張していると非常にわかりにくくなるからです．

時間の節約の点からも，あらかじめ全部の計測点位置にマークをつけ，そのあとでまとめて計測をするのがよいでしょう．マークをつける場合は，皮膚の上に直接つけることを推奨します．マークは鉛筆状アイライナーでつけるのが便利です．化粧品なので安全ですし，化粧落としで簡単に落とすことができます．同じように見えても，鉛筆状アイライナーと鉛筆状眉墨では，アイライナーのほうが圧倒的にマークをつけやすいので，購入時に注意が必要です．

なお，計測点の日本語名称は統一されていません．書籍によって，同じ計測点でも翻訳名が違っていることもあります．ここでは，JIS Z 8500 に記載されている計測点については，その名称を採用しました．それ以外の計測点の名称は筆者がつけたものです．以下の[ ]内の名称は，人体寸法計測の書籍で使われている名称です．書籍を参照するときのために記載しました．骨の名称，骨の部位の名称は特に説明しないので，骨学ないし解剖学の書籍を見てください．

（1）肩峰点［acoromion：アクロミオン］

肩峰点(けんぽうてん)は肩関節位置のめやすです．定義は「肩甲骨の肩峰の外側縁のうちもっとも外側にある点」です．被験者の後ろに立ち，左右のひとさし指の腹で，左右の肩峰の外側縁を外から挟むようにして肩峰をみつけます．ひとさし指を内・外側に動かして，肩峰の上面と外側面の間のへりをみつけてください．片側ずつみ

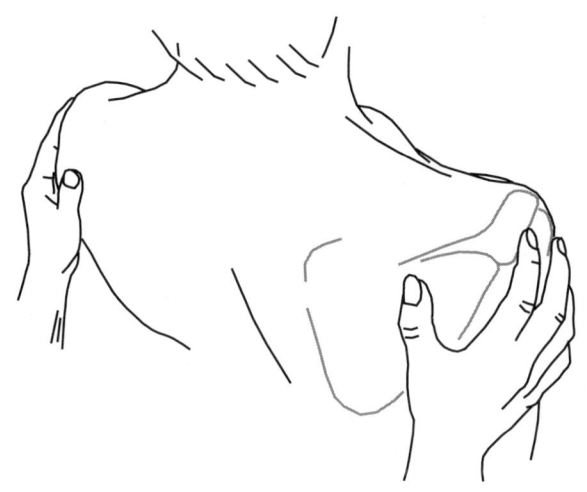

図 1.6 肩峰点をみつける

つけるよりも，左右同時にみつけるほうが楽なようです．

　外側縁は前後方向に平坦で，どこかに突起があるわけではありません．平らな外側縁のうち一番外側にある点をみつけて，肩峰の上面と外面の境い目の位置にマークをつけます．どこが一番外側にあるともいえない場合は，肩峰の前後幅の中央にマークをつけます（図 1.6）．

　よくある間違いは，上腕骨の骨頭をさわっていることと，計測点は骨の突起だという思い込みから，肩甲角を肩峰点だとみなすことの 2 点です．

（2）橈骨点 [radiale：ラディアーレ]

　橈骨点_{とうこつてん}は，肘関節位置のめやすです．定義は「正立位で橈骨頭上縁の最高点」です．橈骨頭に触れることができる位置は限られています．肘を後ろから見ると，肘頭の外側にくぼんだところがあります．ここに左手の親指を当てて，上下に動かしてみてください．上腕骨と橈骨の間のくぼみがわかるでしょう．下にある骨の上縁が，みつけようとしている点です．自分がこれだと思っているのが上腕骨であるか，橈骨であるかを確認するためには，左手の親指を肘の外側にあるくぼみに当てたまま，右手で被験者の手首をつかみ，被験者の前腕を回内・回外

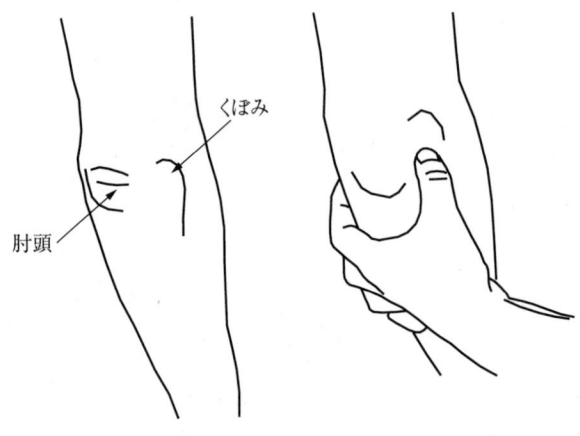

図 1.7 橈骨点を見つける

させてみます．くるくると動くのが橈骨頭，動かないのが上腕骨です（図 1.7）．

（3）尺骨茎突点 [stylion ulnare：スティリオン・ウルナーレ]

尺骨茎突点は手関節位置のめやすです．定義は「尺骨茎状突起の遠位端の点」です．手首の小指側に，骨のふくらみがあります．これが尺骨頭です．茎状突起は，ここからさらに遠位に伸び出している細長い突起です．そこで，このふくらみの外側（掌より）遠位（下方）5 mm くらいのところに親指の爪の横を押し当て，ぐっと押し上げてみてください．突起の下端に触れることができるでしょう（図 1.8）．

（4）腸棘点 [iliospinale anterius：イリオスピナーレ・アンテリウス]

腸棘点は，下記の上後腸骨棘点，転子点とともに，股関節位置のめやすとなります．定義は「正立位で上前腸骨棘の最下端の点」です．まず腸骨稜をみつけましょう．これを前下方にたどっていくと，上前腸骨棘がこのあたりにあるという見当がつきます．見当がついたら，そこより少し下方に親指を当てて，下から上に向かって押し上げてみてください．親指の爪の横が上前腸骨棘にひっかかります．片側ずつさわるのではなく，左右同時にさわるほうがみつけやすいようです．どうしてもみつからないときは，被験者に腰を曲げてもらってください．筋がゆるんで，いくらかみつけやすくなるはずです（図 1.9）．

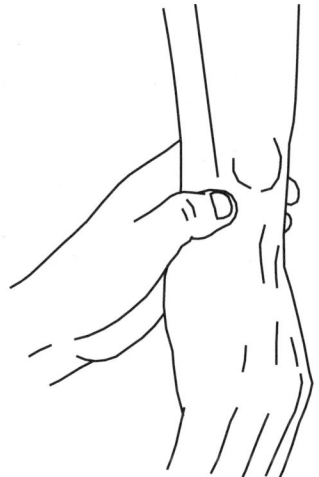

図 1.8　尺骨茎突点をみつける

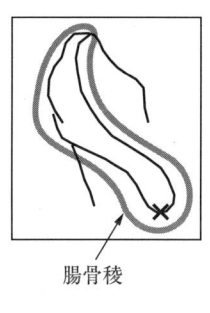

腸骨稜

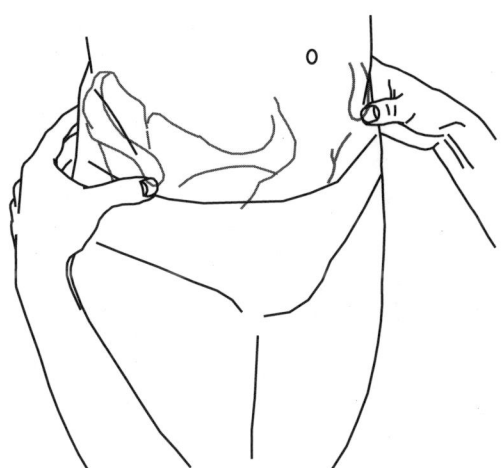

図 1.9　腸棘点をみつける

1.3　計測点

（5）上後腸骨棘点 [iliospinale posterius：イリオスピナーレ・ポステリウス]

　定義は「上後腸骨棘のもっとも後方に突出した点」です．被験者の後ろに立ち，腰の背面で，腸骨稜よりも 40 mm くらい下，正中より 30 mm くらい外側が，最初に探す位置です．この付近に 2 つ並んだくぼみが見えることがある場合は（腰小窩，別名ビーナスのえくぼ），このあたりを捜せという目印になります．

　藤田恒太郎著『生体観察』によると，昭和 31 年度東大医学部の実習で，68 名中 36 名に「ビーナスのえくぼ」が認められたそうです．

　さて，このあたりだというところを親指の腹で押してみてください．骨の突出部に触れるでしょう．ただし，骨の突出部に触れてもそこで安心せず，腸骨稜の後端までたどってそれが上後腸骨棘であることを確認したうえで，点を決定してください．くどいようですが，みつけようとする点は，腸骨稜の後端にあたる突起のうち，もっとも突き出ている点です（図 1.10）．

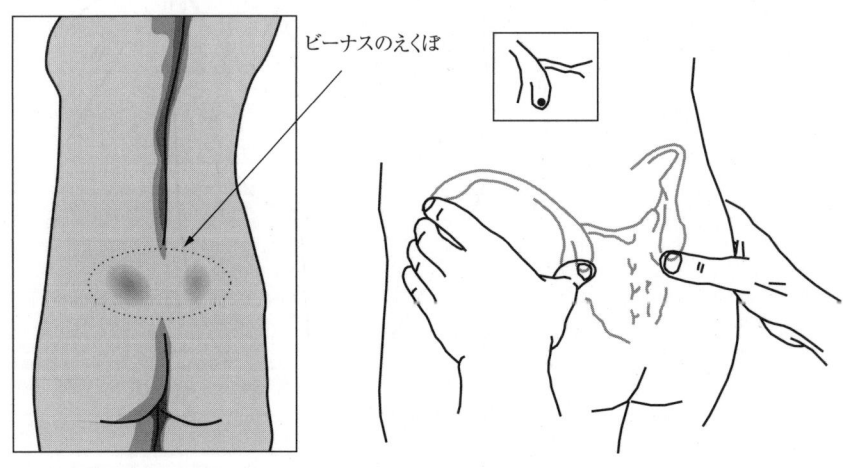

図 1.10　上後腸骨棘点をみつける

(6) 転子点 [trochanterion：トロカンテリオン]

　定義は「正立位で大転子の最高点」です．**大転子**というのは，範囲をもった部位の名称です．「大転子のもっとも外側に突出した点」（trochanterion laterale）を計測点として使う場合もあるので，混同しないでください．**転子点**といえば「大転子の最高点」です．大転子には多くの筋の付着部があるため，立位姿勢のままで最高点をみつけるのは，ほとんど不可能です．

　そこで，被験者に大転子についている筋がゆるむような姿勢をとらせます．具体的には，左足を1歩前に踏み出し，そちらに体重をかけます．右足の膝を少し曲げかかとを地面から離します．このとき，腸骨稜から150 mmほど下，からだの厚みの半分より少し後ろのあたりにくぼみができます（図1.11　アミ掛け部）．やせた男性の場合は，ふつうの立位姿勢でもこのくぼみが見える場合があります．このくぼみの前に大転子があります．大転子を上方にたどり，上端をみ

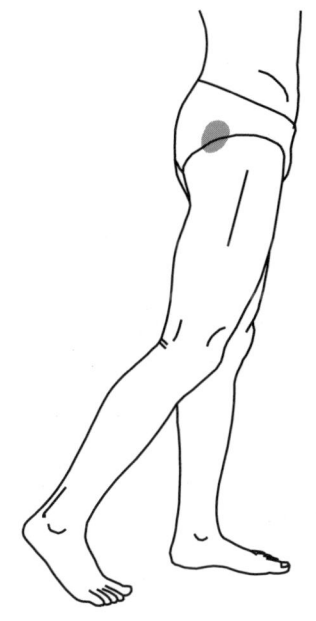

図1.11　転子点をみつけるための姿勢

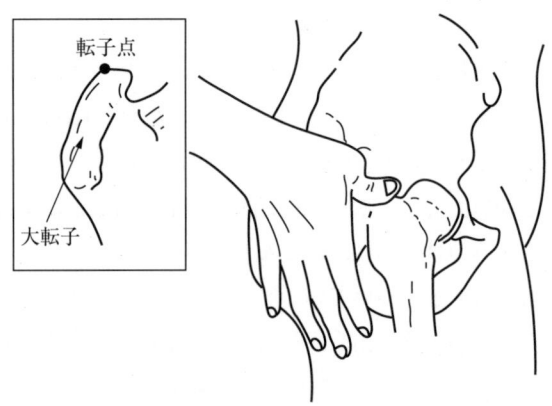

図 1.12 転子点をみつける

つけましょう．親指の腹で，上からぎゅうと押さえて，上端であることを確認します（図1.12）．ここには筋がたくさんついています．かなり力を入れないと，上端はわかりません．

上端をみつけたら，そこに親指を押し付けたまま，被験者に右足を前に踏みだし，左足にそろえてもらいます．被験者が立位姿勢をとった時点で，マークをつけます．さわっていたはずの大転子が，途中ですっとさわれなくなる場合もあります．この場合は，被験者に右膝を曲げ，左足に全体重をかけて，上半身を右に倒してもらいます．筋がゆるんで，大転子の上端をふたたび触れることができます．しかし，マークをつけるのは，あくまでも両足をそろえた立位姿勢で行ってください．人体寸法計測は正立位姿勢で行うものです．運動計測で問題になっている skin movement artifact（運動に伴う皮膚と骨のずれ）を持ち込むのはやめましょう．

（7） 外側上顆最突点 [merion laterale：メリオン・ラテラーレ]
外側上顆最突点は膝関節位置のめやすです．定義は「外側上顆の最外側突出点」です．ここには靱帯が付着しているので，被験者が立った状態では触れることができません．そこで，膝を90度くらい曲げてもらいます．膝をつかむようにして，親指の腹で押してみてください（図1.13）．突起がみつかるはずです．

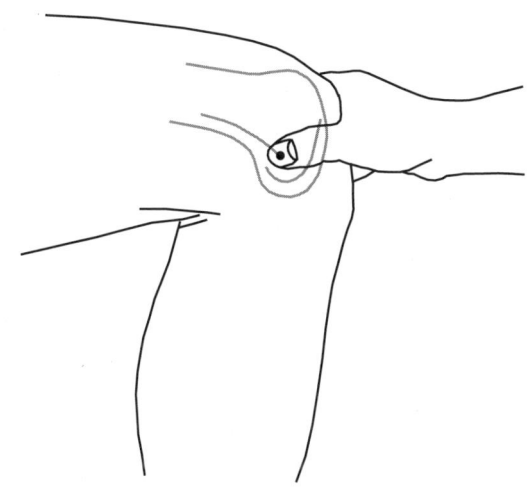

図 1.13 外側上顆をさわる

マークをつけるときは，必ず被験者が膝を伸ばしてからつけます．立ったときの外側上顆最突点は，膝を曲げた状態で皮膚につけたマークよりも，数 cm 後方にあります．被験者が膝を伸ばしきるまで，みつけた計測点が指から外れないように注意してください．

（8）**外果最突点** [supratarsale fibulare：スプラタルサーレ・フィブラーレ]

外果最突点は足関節位置のめやすです．定義は「外果のもっとも外側に突出した点」です．多くの場合，外果は立位姿勢でもはっきりと体表から見えるので，みつけるのに特段の工夫はいりません．内果，外果のふくらみが体表から見てもわからない，立位姿勢のまま手でさわればわかります．床面に近い高さなので，もっとも外側に突出している点をみつけるためにしゃがみこむのが苦しい場合は，被験者に台の上に立ってもらいましょう．図 1.14 では，外果のもっとも外側に突出している位置をみつけるため，**スコヤを使っています**．

（9）**腓側中足点** [metatarsale fibulare：メタタルサーレ・フィブラーレ]

腓側中足点は中足指節関節位置のめやすです．定義は「第 5 中足骨頭のもっ

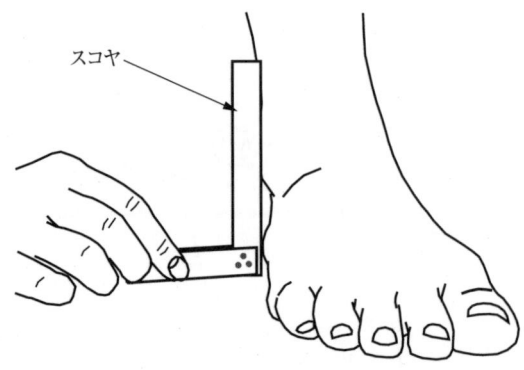

図 1.14　外果最突点

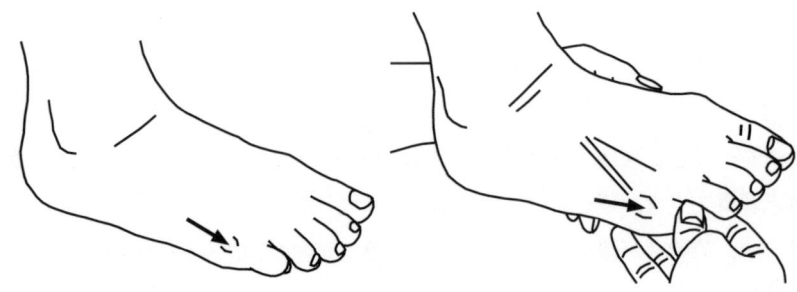

図 1.15　腓側中足点をみつける

とも腓側に突出した点」です．小指の付根にある骨のふくらみとして，通常，容易に触れることができます．ときどきみられる間違いは，小指の基節骨のふくらみを第5中足骨頭ととり違えることですが，指を底屈してみれば簡単に確認することができます（図 1.15）．

1.4　人体寸法計測上の留意点

　計測データの信頼性を向上させるために一番重要なのは正しく計測点をみつけることですが，これ以外にも以下の点に注意してください．

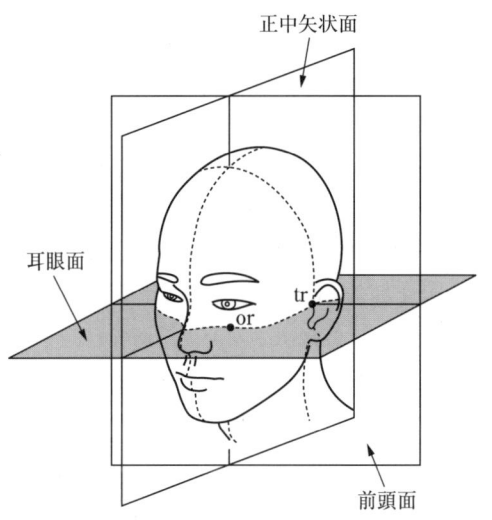

頭部の基準面．or：眼窩点(orbitale)，tr：耳珠点(tragion)

図 1.16　耳眼面

（1）　計測時の姿勢

　被験者に正しい姿勢をとらせてください．このために適切な指示を与えてください．「耳眼面を水平にせよ」といっても，被験者には何のことかわかりません．頭の向きを正し，背すじを伸ばし，両足をそろえ，可能ならば左右のかかとをつけ（X脚などのため，左右のかかとをつけることができない人もいる），肩の力を抜く．これだけの指示を与え，姿勢を確認してから計測します．

　なお，**耳眼面**とは，左右の耳珠点と左の眼窩点の3点が決定する面です（図1.16）．**耳珠点**とは，耳珠軟骨の上の付根です．**眼窩点**は眼窩の下縁のうち，もっとも下方にある点です．「耳眼面を水平にせよ」とは，「うつむいたり仰向いたりせず，まっすぐ前を向け」ということです．

（2）　適切な着衣

　人体寸法計測をするときに適切な着衣とは，裸体ないし最小限の着衣です．少しあいまいな定義ですが，肝心なことは，みつけようとする計測点のあたりの皮膚が容易に露出できることと，測った寸法が着衣に左右されないことです．つま

り，身体をしめあげたり，ぶかぶかだったりする着衣は望ましくありません．周長や左右から挟みこむようにして幅径を測るのでない限り，上半身が裸体である必然性はありません．被験者が恥ずかしいと感じるような着衣では，正しい姿勢をとってもらうのもむずかしくなります．計測の目的に合わせて，適切な着衣を選んでください．

（3） 計測場所

被験者は，いずれにせよ通常の服装ではありません．関係のない人に見られるのは被験者としては不快です．計測場所が人目に触れないよう，設営時に配慮してください．騒がしい場所も避けてください．被験者，計測者，記録者すべての気が散り，聞き間違いなどのミスを招きます．

（4） 計測者

計測者の性別は被験者と同性であることが基本です．もし，計測者が1人しかいない場合は女性にします．男性が女性を測るよりも，女性が男性を測るほうが抵抗が少ないためです．計測者は被験者に不快感を与えてはいけません．言動に注意しましょう．しかし，被験者に触れるのを無闇に遠慮してはいけません．正確なデータを得るための基本は，正しく計測点をみつけることです．遠慮しすぎて正しく計測点をみつけられないようでは，本末転倒です．計測点は骨格上の特定の位置として定義されています．あらかじめ，どこをどのようにさわれば早く的確に計測点をみつけられるか，練習をつんでおかなければいけません．

（5） 計測補助者

計測データの記録や計測補助をする人がいるほうが，被験者の拘束時間が短くなります．記録をするときは，計測者が読み上げた数値を必ず復唱すること．これは，計測者の言い間違い，聞き間違いをその時点でみつけるためなので重要です．補助者は人体寸法計測の経験者であるほうが望ましいでしょう．計測者に対して次に何をしてあげるとよいかが判断でき，極端な目盛りの読み間違いに，その場で気づくことができるからです．数10名以上の計測をする場合は，あらかじめ計測者と組んで練習をしておくほうがよいでしょう．被験者に不快感を与えるような言動を慎まなければいけないのは，計測者と同じです．

(6) ミスを低減させるために

　計測者と計測補助者がペアになって計測を実施したあと，データを入力するときになって必ず異常データがみつかります．この原因は単純なミスです．計測者側の原因としては目盛りの読み間違い，書き間違いが主な原因で，これは修正のしようがありません．

　かつて，35体の頭骨について26の計測項目を10名の計測者が3回ずつ計測したことがあります[7]．約2,700の計測値のうち，ミスの数は計測者により0から51個（中央値7.5）あり，そのうち70%は5 mmないし10 mm単位の目盛りの読み間違いでした．この場合，記録者はいませんから，すべてのミスは計測者にあります．ミスを起こしやすい人と，そうではない人がいるようです．頭骨の計測は完全に自分のペースで進めることができますが，人体寸法計測の場合はそうはいきません．

　被験者の拘束時間による制限，複数の計測者が分担して流れ作業式に計測する大規模計測の場合は，ほかの計測者との作業速度とのかねあいなどがあり，心理的圧迫がかかります．記録者が関わる分，ミスが起こる確率も高くなります．ミスは人体寸法計測のほうが多く発生すると考えるべきでしょう．

　目盛りはmm単位で読みます．細かいことですが，寸法がたとえば765だとしたら，「ななひゃくろくじゅうご」ではなく，「ななろくご」と読み上げます．しかし，Hrdlička[8]によればcm単位で読み取るのがもっともミスが少ないそうです．たしかに，巻尺で胸囲などを測っているとき，値が1 000 mmを超えると一瞬まごつきます．1 003と1 030を勘違いするのです．あわてず，落ち着いて計測しましょう．

　もうひとつ気をつけなければいけないのは，GPM社製のアントロポメータを使うときに，カーソルを前後逆向きに差し込んで計測してしまうことです．日本製のアントロポメータは，棒の断面形状がカーソルを誤って前後逆には差し込めない形になっていますが，GPM社製のものは棒の断面形状が真四角なので，カーソルを誤って前後逆に差し込んでしまうことがあります．この状態で目盛りを読むと，系統的に小さな値になります．気がつけば修正は可能ですが，気がつか

なければそれまでです．

　計測補助者によるミスとしては，聞き間違い，書き間違い，字がきたなくてあとで読めない，数値を記入する場所を間違えた，というのが多いようです．前2つを少なくするためには，計測者が読み上げた数値を復唱し，計測者がそれを確認するのが，ある程度有効です．なお，復唱するときは「ななひゃくろくじゅうご」ではなく，「なな，ろく，ご」でもなく，「ななろくご」と復唱してください．計測者も，まぎらわしい数値（「いち」と「はち」と「しち」）を読み上げるときは，はっきりと発音するべきです．字がきたないのは論外です．読めるように書きましょう．1と7，0と6のように，まぎらわしい字は特に気をつけましょう．記入場所の間違えを低減するために，間違えにくいように記録用紙をデザインしましょう．

　ミスを計測の現場で発見するために，その場でコンピュータに入力し，既存のデータと比較して異常と判断されたら再計測を指示するという方式が，外国で行われた大規模計測で採用されています．デジタルノギス（(株)ミツトヨから市販されており，無線化も可能）のジョウの部分を人体計測用に改造して使うのも一案です．

1.5　データの編集

　大部分の人体寸法項目は，ほぼ正規分布に従います．体重や胸囲のように軟部組織の影響が強い項目ほど，正規分布からはずれ大きいほうに尾をひく傾向がありますが，骨の大きさによって決まる寸法は正規分布に従います．
　さて，数10名から1000名を超すような多数の被験者について寸法計測をした場合，平均値や標準偏差のような統計量を計算して，対象とした集団の特徴を表そうとするのが通常の過程です．
　しかし，計測したばかりのデータは，先に述べたようなミスを必ずふくんでいます．このまま処理したのでは，とんでもない統計量が得られることになりかねません．平均値は異常データが多少あってもかなり安定していますが，標準偏

差,歪度,尖度となると大きな影響を受けます.そこで,まず異常データを取り除きます.この作業が**データの編集**です.

具体的な方策としては,二通りあります.第1は,平均値から非常に離れた値が出現する確率はかなり低いということを利用して,平均値±3標準偏差の範囲からはずれる値を除去してしまうやり方です.この方法の問題点は,平均値±3標準偏差の範囲からはずれるが実際に存在する人を異常として捨て去ってしまうことです.また,先ほど述べたように単純ミスの大部分は5 mm単位,10 mm単位の目盛りの読み間違いですが,これらはこの方法で取り除くことはできません.したがって,あまりお薦めできません.しかし,平均値±3標準偏差の範囲をはずれるデータについて入力ミスをチェックするのは有効でしょう.

より現実的な方法は,**2変量散布図**を描いてみることです.まず,相関が高い2つの寸法項目を選びます.たとえば,身長と上前腸骨棘高を選びます.そして,これらをX軸,Y軸として全被験者の散布図を描いてみます(図1.17).これら2項目は相関が高いので,データは細長い楕円状に散布しているはずです.この楕円から妙にかけ離れたデータ点がないでしょうか? もしあった場

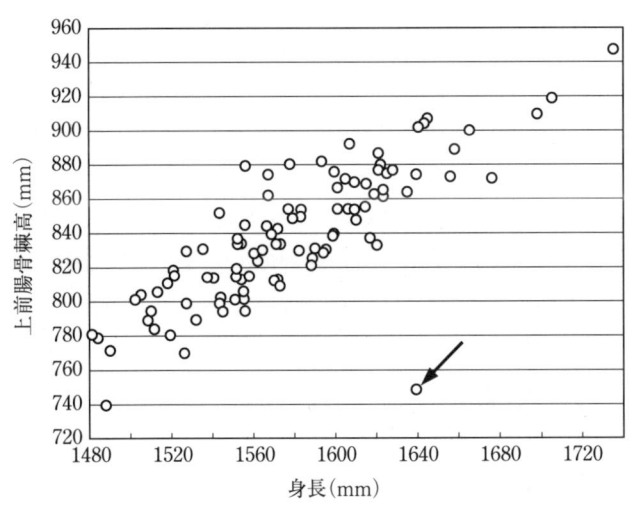

図1.17 散布図を描いて異常データをみつける

合，おそらくこれは何らかのミスによる異常データです（図1.17，矢印）．もとの調査用紙を見て，身長，上前腸骨棘高の入力ミスではないかを調べます．入力ミスであった場合は，修正後改めて散布図を描き，再度チェックします．何か別の方法で，かけ離れてはいるが正しい値であることが確認できるならば，正しいデータとして扱います．

　入力ミスではなかった場合，どうしましょう．両方捨てるのがもったいない場合は，身長と上前腸骨棘高のどちらが異常であったかを判定しなければなりません．このために，そのほかの寸法データも利用します．肩峰高，外側上顆高，上肢長なども測っていたとしましょう．これらはすべて長骨の長さによって決まる寸法ですから，どれかが大きければ，ほかの寸法も全部大きいはずです．ただし，項目によって絶対的な大きさが違うので，そのままでは比較しにくいのが難点です．

　そこで，全部の項目について，（個人の値－平均値）÷標準偏差の式によって，平均値が0，標準偏差が1の正規分布に従うよう基準化します．そのうえで，異常データとされた被験者の身長，上前腸骨棘高，肩峰高，外側上顆高，上肢長などの基準化した値を比べてください（図1.18）．そのほかの項目からかけ離れた値をもつほうが異常データです．そのほかの項目がない場合は，身長と上前腸骨棘高のどちらが異常か判断することができないので，両方を削除することになります．図1.18の例では，上前腸骨棘高が異常データなので，これだけを削除します．

　図1.17を見ると，この方法で削除できるのはかなりかけ離れたデータだけだ，と見当がつきます．真値から10～20 mm程度の誤りは通常の変異幅の中に入ってしまい，異常と特定することはできません．もっとも，これは寸法のサイズに依存します．10 mmの誤りは身長にとってはわずか0.6％の誤差ですが，平均値が70 mm程度の外果最突高にとっては14％の誤差です．左右の外果最突高で散布図を描けば，はずれ値となるでしょう．このように，完璧とはいえませんが，現状ではこれが一番確実に異常データを削除できる方法です．人体寸法データベースに関する国際規格ISO 15535[9]においても異常データの除去が必須とさ

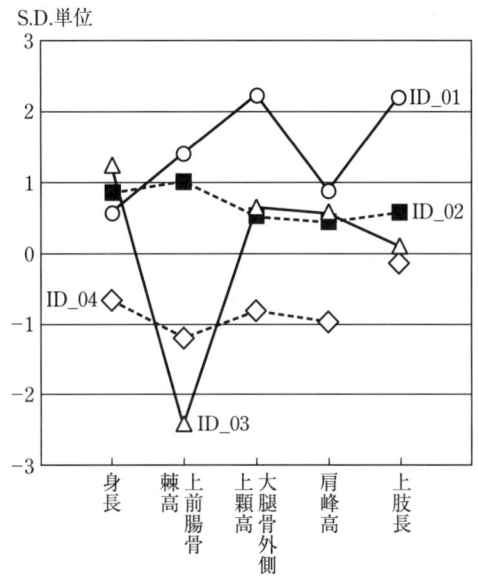

図 1.18　正規化された寸法の比較による異常データの発見

れており，散布図を用いてはずれ値をみつける方法を用いるように定められています．

1.6　計測精度

　人間は剛体ではないので，たとえ正立位姿勢をとらせたとしても，そのときそのときでまったく同じ姿勢にはなりません．姿勢が完全には一定ではないので人体寸法の真値はわかりません．そこで，人体寸法の計測精度は，再現性で評価されています．計測姿勢や着衣のような計測条件，計測点と計測項目の定義，使う計測器が同じだとします．この条件である被験者を同じ計測者が2回測った値の差は（計測者内誤差），2名の計測者が同じ被験者を1回ずつ測ったときの差（計測者間誤差）よりも小さくなります．熟練した計測者でも，計測点のみつけ方や計測器の扱い方に個人によるくせがあるためです．

被験者 i を計測者 j が測った値を x_{ij} とすると，x_{ij} は以下の式で表すことができます。

$$x_{ij} = \mu + S_i + 0_j + e_{ij}$$

μ は全体平均，S_i は被験者 i の特性（全体平均よりも大きいか，小さいか），0_j は計測者 j のくせ（大きめに測る傾向があるか，小さめに測る傾向があるか），e_{ij} はそのときそのときに起こるランダムな誤差です。何度もくり返し測るとランダムな誤差の平均値は 0 になるので，多数回測ることによって，平均値に対する e_{ij} の効果をなくすことができます。しかし，計測者のくせ 0_j は系統的なものであり，何度測ってもその効果はなくなりません。

計測者 j が被験者 i を 2 回測ると，2 回の計測値の差 d_{12} は，μ，S_i，0_j が打ち消されるため $e_{ij1} - e_{ij2}$ となります。一方，2 名の計測者 A，B が同じ被験者を計測したときの 2 つの計測値の差 d_{AB} は，μ，S_i は打ち消されますが計測者のくせとランダムな誤差は打ち消されないため，$(0_A - 0_B) + (e_{iA} - e_{iB})$ となります。計測者間誤差は計測者内誤差より必ず $(0_A - 0_B)$ の分だけ大きいことになります。

さて，人体寸法計測の精度は，通常計測者内誤差の大きさで評価されます。これを定量化するためによく使われるのが，**平均絶対誤差**と technical error of measurement（**TEM**）です。1 名の計測者が N 名の被験者を 2 回ずつ計測したデータを使い，これらは以下の式で表されます。

$$平均絶対誤差 = \sum |d_{12}| \div N$$
$$TEM = \sqrt{(\sum d_{12}{}^2) \div 2N}$$

平均絶対誤差は，2 回の計測値の差の絶対値を求め，それを N 名の被験者につき平均したもので，2 回の計測値が平均するとどの程度違っているかを表します。TEM が何を意味するかは少しわかりにくいですが，2 回の計測値の差 d_{12} の分散 $\mathrm{Var}(d_{12})$ を考えてみてください。$d_{12} = e_{ij1} - e_{ij2}$，$\mathrm{Var}(e_{ij1}) = \mathrm{Var}(e_{ij2})$ （e_{ij1} と e_{ij2} の分散は等しい）とすると，e_{ij1} と e_{ij2} は互いに無相関ですから，

$$\mathrm{Var}(d_{12}) = \mathrm{Var}(e_{ij1}) + \mathrm{Var}(e_{ij2}) - 2 \times \mathrm{Cov}(e_{ij1}, e_{ij2})$$
$$= 2 \times \mathrm{Var}(e_{ij})$$

また，

$$\mathrm{Var}(d_{12}) = \sum(d_{12}-d_{mean})^2 \div N = \sum d_{12}^2 \div N$$

ですから，

$$\sum d_{12}^2 \div 2N = \mathrm{Var}(e_{ij})$$

となり，TEM が実はランダムな誤差の標準偏差に当たることがわかります．つまり，ランダムな誤差の 95% は ±1.96×TEM の範囲に入ります．ランダムな誤差の大きさは計測者により変わるので，この値は計測者の熟練度の指標ともなります．TEM の値は頭部や手足の寸法で 0.5〜2 mm，高さ，幅，厚径，節長，体表長項目で 2〜5 mm，周長で 1〜11 mm 程度です[6]．

計測調査に複数の計測者が参加する場合は，計測者間誤差をできるだけ小さくする必要があります．このような場合，熟練計測者による値を真値として，非熟練者は熟練者と同等の値になるよう練習を重ねるのが一般的です．差がどのくらい小さければ同等とみなせるかの評価基準としては，たとえば ISO 20685 に定められている最大許容誤差があります．ISO 20685 では最低 40 名程度の被験者を 2 名の計測者が測ったとき，差の平均値の 95% 信頼区間が ±最大許容誤差におさまっていることを評価基準としています（ISO 20685：2005）．

1.7　人体寸法データの入手方法

あなたが必要とするデータは，ある集団に関する統計量でしょうか？　それとも個別データでしょうか？　どちらも入手可能ですが，世の中に思いどおりのデータが存在するとは限りません．まず，自分がどのような集団の寸法データが欲しいのか，**目標集団**を決めてください．

仮に，現代日本人成人男性の平均値と標準偏差が欲しいデータだとしましょう．これで目標集団がはっきりしたかというと，そうでもありません．それは，日本人をふくめ，ほとんどの国で身長がしだいに高くなるという時代変化が起こってきたためです．

図 1.19 は，20 歳日本人男性の平均身長の時代推移を示しています．過去 100 年の間に，急速に身長が高くなってきたことがわかります．2004 年現在で 70 歳

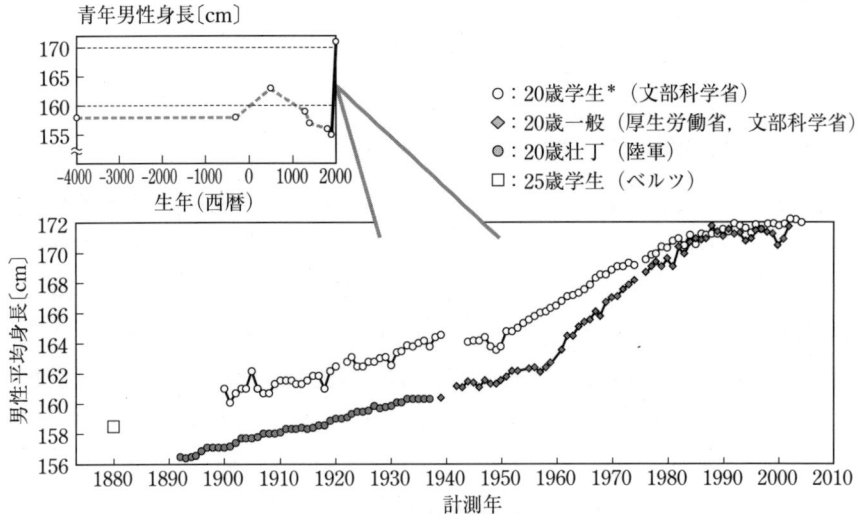

図 1.19　日本人20歳男性平均身長の時代変化
＊：計測年度1998年以後は20〜24歳の男性全員の平均身長

の男性は1934年生まれで，20歳のとき（1954年）の平均身長が165.7 cmないし162.3 cm．これに対して，2004年現在で20代後半の男性は1980年代前半生まれで，平均身長が172.0 cmです．つまり，70歳の人は年をとって身長が縮んだというよりも，若いときから身長が低かったのです．

　あなたの目標集団は，20歳代という年齢で決まった集団ですか？　それとも1950年代生まれという生まれ年で決まった集団ですか？　一般に，人体寸法データは横断的なデータ，つまりある時点でさまざまな年齢の人の寸法を測ったものです．加齢による変化と時代変化の効果を分離することはできません．ですから，現時点において20歳代の人の人体寸法を知りたいならば，できるだけ最近計測されたデータを探さなければなりません．

　ただし，図1.19からわかるとおり，日本における身長の時代変化速度は，1970年以後に生まれた世代ではかなり低下しており，近い将来に止まるのではないかと予測されます[10]．

　もうひとつ注意しなければならないのは，被験者が日本人なら日本人という集

団を代表しているかどうか，という点です．多くの国で，体格には都市と農村部の差，職業による差があります．日本においても，1960年代半ば以前に生まれた世代では，学生と一般人の間に身長差があったことは，図1.19を見れば明らかです．

あなたが探しているのは，たぶん日本人なら日本人全体を代表するようなデータでしょう．しかし，実際の人体寸法計測調査では，ランダムに被験者を選ぶことはまずありません．データベースには，被験者がどのような人々であるかに関する記載がついているはずです．それを読んで，どんな人が被験者なのかを知ったうえで，利用してください．

身長と体重については，全国を代表すると思われる政府による統計データが毎年発表されています．自分が使うデータが日本人を代表するかどうか気になる場合は，同じ頃に計測された政府の統計データと比べて身長と体重が，同等とみなせるかどうかを検討してみるとよいでしょう．ただし，政府による調査では，身長ではなく最大身長を測っていることに注意して比較してください．

このような政府による統計データは，成人ならば文部科学省による体力運動能力調査報告書 (http://www.mext.go.jp/b_menu/toukei/001/index22.htm)，あるいは厚生労働省による国民栄養調査の報告書である「国民栄養の現状」に発表されています．どちらも毎年行われる調査です．

日本人の人体寸法データで，計測年が比較的新しく，入手可能なデータを以下に紹介します．

（1） AIST 人体寸法データベース 1997-98

生命工学工業技術研究所（現産業技術総合研究所）と製品評価技術センター（現製品評価技術基盤機構）が1997-98年に計測．18～29歳の男女各100名，60歳以上の男女各50名について，49項目の寸法を計測．左右ある項目は右側を計測．調査概要，統計量，個別データを以下のWebページから申し込むことでダウンロード可能．

http://www.dh.aist.go.jp/AIST91DB/

河内ほか：人体寸法データベースについて (2000)[11]

河内ほか：人体寸法データベース（2000）[12]

（2） 日本人の人体計測データ 1992-94

人間生活工学研究センターが1992-94年に計測．7～90歳以上の男女合計34 000人につき，178項目を計測．左右ある項目は左側を計測．178項目中，87項目は形状スキャナで計測．ただし，形状スキャナから得た寸法が手計測による寸法と一致するかどうかは検討されていない．個別データを有償で入手可能．統計量が載った報告書は定価38,000円（税別）[13]．報告書，個別データの入手法は，下記Webページ参照．

http://www.hql.jp/project/size1992

（3） AIST 人体寸法データベース 1991-92

製品科学研究所（現産業技術総合研究所）が1991-92年に計測．18～29歳の男女各約200名，60歳以上の男女各50名について，250項目以上の寸法を計測．すべて手計測．左右ある項目は右側を計測．報告書である「設計のための人体寸法データ集」は絶版だが，データ集改訂版を下記Webページからダウンロード可能．個別データは以下のWebページから申し込むことでダウンロード可能．

http://www.dh.aist.go.jp/AIST91DB/

河内まき子ほか：設計のための人体寸法データ集（1994）[14]
生命工学工業技術研究所編：設計のための人体寸法データ集（1996）[15]
絶版

（4） ミレニアムプロジェクト

産業技術総合研究所と人間生活工学研究センターが2000-02年に計測．60歳以上の男女延べ500名を対象．100名は全身100項目，200名は全身129項目，200名は身長，体重および頭部13項目を計測．全身項目の一部は手計測と同等の値が得られることを確認したうえで，3次元形状計測装置から取得．頭部はすべて手計測による．左右ある項目は右側を計測．通産省によるミレニアム事業の一環．以下のWebページで統計量を公開．個別データも有償（手数料程度）で入手可能．

http://www.hql.jp/project/funcdb2000

→データベース→高齢者対応機器の設計のための高齢者特性の解明に関する調査研究（高齢者対応基盤整備事業）→同意書に同意する→実計測データベース

(社)人間生活工学研究センター：高齢者対応基盤整備研究開発[16,17]

　ヨーロッパ系集団を主とする外国人のデータとしては，以下のものがあります．

（1）　米国 CAESAR プロジェクト（Civilian American and European Surface Anthropometry Resource）

　米国，オランダ，イタリアで実施された3次元形状および手で測った人体寸法データのうち，1998-2000年に実施された米国計測分データ[18]．18～65歳の男女，2 375名を対象．38項目を計測．アパレル向きの項目が多い．手計測項目は，左右ある項目は右側を計測．手計測項目以外に，3次元形状計測装置から得た寸法がある．報告書（CD-R）は下記 Web ページ(A)より有償で入手可能．形状データも有償で入手可能．データの入手については Web ページ(A)を参照．計測法項目，ランドマーク位置などについては Web ページ(B)を参照．

　　（A）　http://www.sae.org/technicalcommittees/caesarhome.htm
　　（B）　http://www.hec.afrl.af.mil/HECP/Card4.shtml

（2）　adultdata, older adultdata

　英国，ブラジル，フランス，ドイツ，イタリア，日本，ポーランド，スリランカ，スウェーデン，オランダ，米国の統計データを文献から引用し，まとめたもの．人体寸法のほかに，力，関節可動域に関するデータも収録されている．下記 Web ページに報告書の入手方法が出ている．adult data は18～64歳の男女を対象，older adult data は60歳以上の成人を対象．このほかに，子ども（0～18歳男女）を対象とした child data もある．項目数はそれぞれ266項目，155項目，177項目だが，全集団について全項目がそろっているわけではない．各国データの計測年，または出版年は1968-90．入手法は下記 Web ページ参照．

　　http://www.virart.nott.ac.uk/pstg/adultdata.htm

ADULDATA（1998）[19]
OLDER ADULT DATA（2000）[20]
CHILDATA（1995）[21]

（3） People size 2000

イギリス，フランス，日本，中国，ドイツ，オランダ，イタリア，米国，英国ラフボロ大学学生のデータをふくむ．上記の Adult data のもとになったデータをふくむ有償のデータベース．詳細および入手方法は下記 Web ページ参照．

http://www.openerg.com/psz/data/populate.htm

（4） 米国 AnthroKids

ミシガン大学が 1972-77 年に 2 回に分けて行った，子どもを対象とした人体寸法計測のデータ．1972-75 年の調査は 0～12 歳の子ども約 4 000 名につき 41 項目を計測．報告書と統計データを下記 Web ページより閲覧可能．1975-77 年の調査では 0～18 歳を対象とし，2 歳以下の乳幼児については 34 項目を，2 歳以上の幼児については 87 項目を計測．こちらの調査についてはオリジナルデータがダウンロード可能．

http://www.itl.nist.gov/iaui/ovrt/projects/anthrokids/

1.8　代表的体形の生成

　工業製品の設計において，設計したものが特に大きい人や小さい人をも満足させることができるかどうかを事前評価しよう，という試みがあります．このとき，分布の両端にいる人たちとして 95 パーセンタイルの人，5 パーセンタイルの人という概念が出てきます．それでは 95 パーセンタイルの人とは，いったいどんな人でしょうか．身長が非常に高ければ，たしかにそのほかの高さ項目も大きいでしょう．

　しかし，身長が高いからといって，必ずしも体重や胸囲も大きいというわけではありません．下肢が長いからといって，胴も長いとは限りません．すべての寸法項目が 95 パーセンタイルの人や，すべての項目が 5 パーセンタイルの人が現

実的にはいるはずがない，ということです．現実的にいそうで，しかも分布の端にいる人たちはどんな人体寸法をもっているのか．これを推定する方法として，コンピュータマネキンで使われているBoundary familyと呼ばれるものがあります[22]．これは，ある集団について計測された多数の人体寸法を因子分析することにより，少数の互いに無相関な因子に要約したうえで代表形態（ファミリーのメンバー）を決め，これらがもつべき人体寸法を因子得点から再現する，というものです．

具体的には，まず人体寸法項目を因子分析します．そして，因子得点を使って被験者の散布図を描きます（図1.20）．散布図の上に，被験者の95%がその中に入るような確率楕円を描きます．この楕円上で，軸と交わる位置にある4体，軸と軸の中間の位置にある4体，そして分布の中心にある1体（平均）の9体の仮想体形を，この集団の代表だと考えます（図1.20，◆）．軸と軸の中間の位置とは，正確にいえば確率楕円の式と原点を通り第1因子と第2因子の標準偏差の比

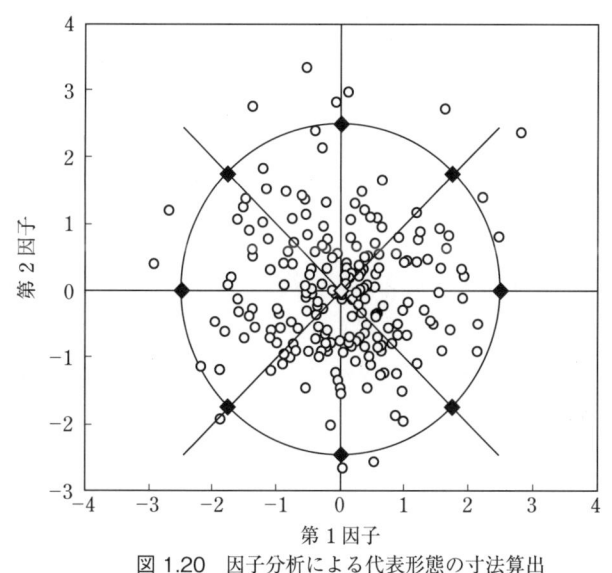

図1.20　因子分析による代表形態の寸法算出
◆：Boundary familyのメンバー位置

で傾きが決まる直線（実際には $y=x$）の交点です．2つの因子を考える場合代表形態は9体ですが，n 個の因子を考えると代表体形の数は $1+2n+2n(n-1)$ となり，軸の数が増えると急速に増えていくので，集団のもつ変異を要約しているのかどうかわからなくなってきます．通常は2つの因子だけを考えることが多いようです．

さて，図1.20の9体形がもつべき座標値（すなわち因子得点）は，95％確率楕円の式と軸の式（$x=0$，$y=0$）および $y=x$ から算出することができます．因子得点と正規化された人体寸法の間には，以下の式のような関係があるので，因子得点がわかれば寸法を逆算することができます．ただし，x_i は i 番目の寸法，f_j は j 番目の因子の得点，a_{ij} は j 番目の因子の i 番目の寸法への因子負荷量，e_i は誤差です．

$$x_i = \sum a_{ij} \times f_j + e_i \qquad (j=1, 2)$$

注意しなければならないのは，第3以下の因子が説明する分散を誤差として無視することです．たとえば，因子分析した項目セットに高さ項目が10個，周長や幅が8個，頭部寸法が3個，手足の寸法が4個ふくまれていたとしましょう．通常，第1因子は四肢長骨の長さに関する因子，第2因子は太り具合に関する因子となります．これらの寸法とはそれほど相関が高くない頭部や手足の寸法がもつ分散は第3，第4の因子により説明され，最初の2因子では十分に説明されません．人体は，四肢が長くなったり胸囲が大きくなったりしても，頭部や手足の寸法もそれに応じて長くなったり太くなったりすることはありません．

しかし，2つの因子ですべての寸法を説明してしまうということは，頭部や手足も四肢の長さや胸囲に伴って変化するようにつくられてしまう，ということを意味します．身長が高ければおも長になり，胸囲が小さければ頭も細い，ちょっと不思議な体形になるのはこのためです．

1.9 人体寸法計測に関する規格

　人体寸法や計測点に関わる工業規格には，以下のようなものがあります．衣服設計関連の規格は，内容が本書とあまり関連がないので，ここでは触れません．

　JIS Z 8500[23]は日本の工業規格で，設計のために人体寸法を利用する人々に，人体寸法に関する基礎的な情報を提供することを目的としています．この規格には32の計測点の定義と104項目の寸法の定義が記載されています．本書に記載されている計測点のうち，上後腸骨棘点，転子最突点，外側上顆最突点，外果最突点以外は，これらの計測点にふくまれています．この規格には関節点の定義も記載されています．身体運動を表現，または計測する場合の関節運動の回転中心のめやすとして，体表上に一意に決めることができる点を関節点と規定していますが，これが実際の関節運動の回転中心と一致しないことはいうまでもありません．

　JIS Z 8500に対応する国際規格がISO 7250[24]です．ISO 7250には56の人体寸法の定義が記載されています．できるだけ平易な解説をこころがけたためか，きちんと定義された計測点は10個しかありません．

　ISO 15535は，ISO 7250に記載された項目の人体寸法データベース，および報告書をつくるにあたって必要なことばの定義や情報をまとめたものです．計測法，被験者の抽出法，データベースにふくまれるべき被験者属性情報，年齢の区切り方，計測精度，データベースのフォーマットなどが記載されています．特記すべきは，集団の5パーセンタイル値と95パーセンタイル値を95％の信頼性で推定するために必要な最少被験者数を計算する方法が，規格の一部として定められていることでしょう．また，やはり規格の一部としてデータの編集法がとりあげられています．

　ISO 20685[25]は，計測点の位置にマーカシールを貼ったうえで3次元形状スキャナを用いて人体形状を計測し，これから寸法を算出して人体寸法データベースをつくろうとするときに要求される事項について定められています．つまり，形状スキャナで取得した寸法が手計測による寸法と同等だというためには，どのよ

うなことに注意をし，どんな手順をふまなければならないかが書かれています．その範囲は，スキャナ自体の精度検証方法から，形状計測のための着衣，姿勢，得られた寸法を手計測により得られた寸法と比べて同等とみなせるかどうかを検証する方法にまでわたっています．

人体寸法とは，伝統的な手計測により得られた寸法をさします．100年以上にわたって同じ方法でデータが蓄積されてきたので，今のデータを昔のデータと比較することができるのです．もし人体寸法を取得するまったく新しい方法ができたなら，これによって得られたデータがこれまで蓄積されたものと比較可能だと主張するためには，少なくとも40名の被験者を両方の方法で測り，両者が実際に同等とみなせることを実験的に証明しなければいけない，というわけです．

計測法の統一は，過去100年の間に何回か計画されてきました．しかし，計測点の名称にさえ混乱が残っているのが現状です．

第2章
人体形状計測

2.1 人体形状計測とは

　人体形状計測とは，人体表面の3次元形状を定量的に取得することをさします．人体を石膏などで型取りしたのち，機械式の3次元位置入力装置で座標を取得する方法（図2.1）や，スライディングゲージ（図2.2）で断面形状を，シルエッターで投影輪郭形状を採取する方法も人体形状計測の一部といえるでしょう．最近では，狭義に光学式の非接触形状計測装置（図2.3）による人体計測を意味することが多いようです．光学式の非接触形状計測装置を用いれば，コーヒ

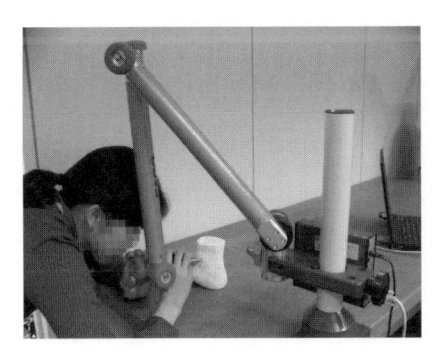

図2.1　石膏型と機械式3次元入力装置 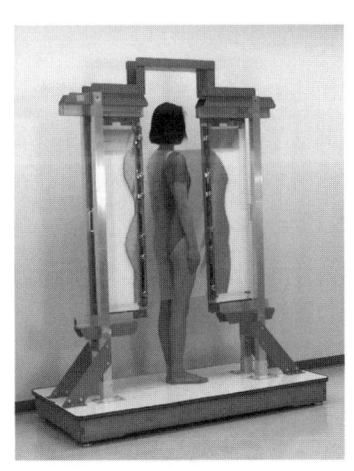　　図2.2　スライディングゲージ

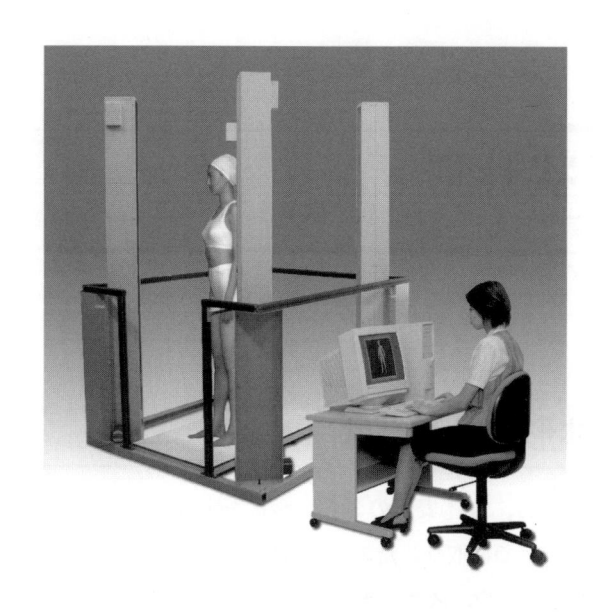

図 2.3　光学式の非接触形状計測装置

一カップでも招き猫でも，人体と同じように計測できます．人体形状計測をこれらの一般的な形状計測と分けて特別に議論するのは，人体形状計測だけに用いられる技術やノウハウがあるからにほかなりません．その基本となるのが，表面形状を記述するデータに人体構造を記述するデータを付加することです．

人間はだれでも（ほぼ）同数の骨をもち，それに同数の靱帯や筋がつき，その上に脂肪や皮膚がついて表面形状ができています．人体を測るからには，人体表面データに人体を構成する部品の解剖学的な情報を付加するべきです．人体寸法の場合は，寸法項目を定義する計測点によって個体間で解剖学的な対応がつけられています．人体運動計測においても，関節点で個体間の解剖学的対応づけがなされています．これらと同様に，人体 3 次元形状においても解剖学的構造をもとに対応づけられた特徴点（landmark）が，個体間の対応をつけるための基礎となります．つまり，表面形状と解剖学的構造情報を合わせて取得することで，はじめて「人体の」3 次元形状を測ったことになるのです．これにより，個人内，

個人間の比較や統計処理，さらには人体に適合する装具・備品設計応用などへの活用への道が開けるのです．

2.2 石膏型取り法

石膏型取り法は，人体の表面形状を雌型に写し取り，そこから人体表面形状のコピーである型をつくり出す作業です．おわかりのように，石膏で型取りしても，それだけでは3次元形状のデジタルデータは得られません．結局，後述する接触式の3次元デジタイザか，非接触式の形状計測装置が必要になります．

では，なぜわざわざ型取りをするのでしょうか？ 第一には観察資料としての意味があります．3次元計測をすれば人体形状はコンピュータ上のグラフィックとして再現できますが，並べてみたり触ってみたりするには，やはり実物がまさっています．第二に体動揺の問題です．人体形状計測は人体の静的なかたちを測るのですが，実際には人体は絶えず動揺しています．精度よく計測しようとすればするほど，この体動揺の問題が顕在化します．石膏型取り法ではそれを固定することができます．第三は隠れです．後述する光学式の非接触計測装置では，光が当たらない，カメラから見えない部分の形状が測れません．足の裏，耳の後ろ，わきの下，股の間などは非常に計測がむずかしい部位となります．どうしてもこれらの部位の形状データが必要な場合は，石膏型取りをするのも一策です．石膏型であれば，耳の後ろの形状を計測するために，耳介を切り取っても構いません．

石膏型取りには，臨床現場で利用される石膏包帯を利用して採取することもありますが，ここではより精度よく型取りする方法を紹介します．アルギン酸を使う方法です．なにやら体を溶かしてしまいそうな名称ですが，成分は主として海藻で，平たくいえば寒天のようなものです．歯科医が歯の型取りに使っているものといえばおわかりいただけるでしょう．ただ，歯科医が使っているものは高額かつ硬化時間が短いため扱いにくいので，筆者らは(株)紀文フードケミファからコピックの名前で発売されているものを利用しています．比較的安価であり，硬

化時間も5分から10分程度です（水温で調節可能）．

基本的には，型取りをする身体部位に合わせて木やアクリル板で枠をつくり，この枠と身体部位の間にアルギン酸を流し込んで雌型をとります．まず，被験者の解剖学的特徴点を触察し（第1章の計測点を参照），体表面上に水性ペンでマーキングします．この水性ペンでつけたマークはアルギン酸に転写され，さらにそれが石膏型に転写されることになります．

ついで，被験者の身体部位と箱の枠の間に水で溶かしたアルギン酸を流し込みます（図2.4(a)）．アルギン酸を流し込むには，アルギン酸の粉末をビニール

(a) アルギン酸の注入

(b) アルギン酸雌型への石膏注入

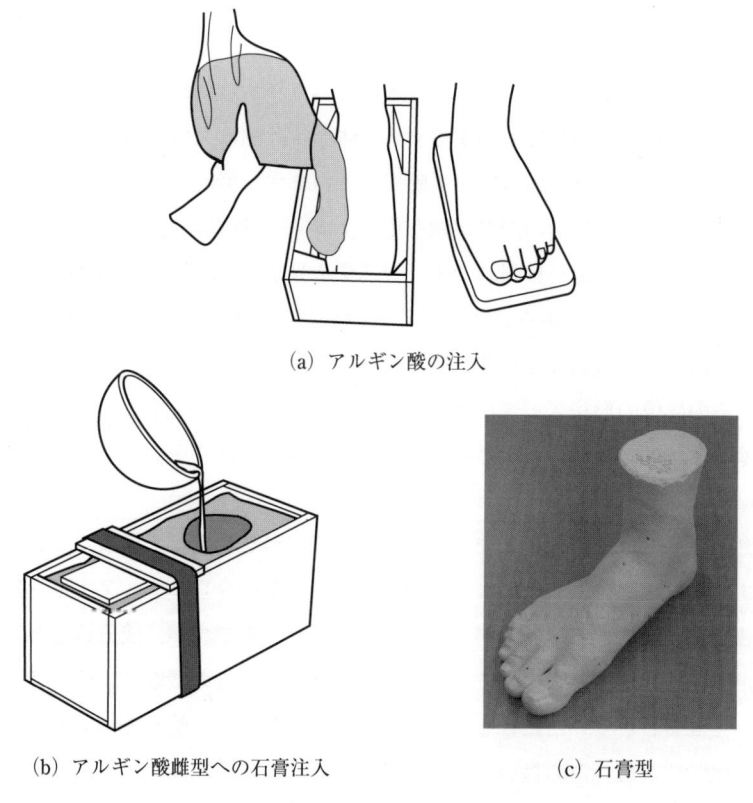

(c) 石膏型

図2.4　石膏型取り法

袋に入れて水を混ぜ，袋の口をしっかり絞って手早く混ぜ合わせます．ここでしっかり混ぜ合わせておかないと，粉が固まった粒状の固まりがたくさんできて，仕上がりが汚くなります．混ぜ合わせたら，ビニール袋の角をはさみで切り落として絞り出します．ビニール袋は，厚さ 0.08 mm 程度のしっかりしたものがよいようです．なお，足型をとるときには，あらかじめ型枠の中にアルギン酸を少量流し込んでおかないと，土踏まずの部分にアルギン酸が流れ込んでくれません．

　アルギン酸を流し込んだら，被験者に体を動かさないよう注意を与えます．水の温度にもよりますが，約6～7分で硬化し寒天状になるので，切れ目を入れて被験者の身体部位を抜き出します．切れ目を入れるのには，先が丸くなった金属のへらを使っています．被験者の体を傷つけないよう，とがったものは使いません．被験者の体を抜き出すとき，被験者の体に固まったアルギン酸がついてきてしまうことがあります．水性ペンでマーキングした個所以外の皮膚にハンドクリームなどを塗っておくと，固まったアルギン酸が皮膚から離れやすくなります．

　いずれにしても，皮膚に固まったアルギン酸がついているかどうかは被験者にはわからないので，計測者が留意して被験者に指示を与えながら，ゆっくり抜き出すようにします．アルギン酸が被験者の体よりも型枠側にはりつきやすくなるように，型枠のほうに加工をしておく（たとえば，アクリル板であれば，意図的に傷をつけてざらざらした表面にしておく）のも一案です．

　抜き出したあとの雌型の切れ目の段差をきれいにならしたあと，石膏を流し込んで雄型を採取します（図2.4(b)）．アルギン酸は時間がたつと乾燥して変形してしまうので，石膏は速やかに流し込みます．このとき，気泡が入らないように留意しましょう．必要に応じて雌型を傾け，静かに流し込んだあと，型を叩いて気泡を抜きます．

　石膏にもいろいろと種類があり，歯科用石膏だときめが細かく，硬化時の収縮も少ないです（(株)ジーシー　プラストーンなど）．ただ，医療用品は高額なので，筆者らは比較的低コストの石膏（下村石膏(株)上質焼石膏）を使用しています．筆者らの検証によれば，低価格のものでも硬化時の収縮は 0.5%未満で

2.2　石膏型取り法　39

す．石膏が取り出せるようになるまで1時間くらいかかります．ごく少量の食塩を混ぜると石膏硬化を早くすることができます．

　石膏が固まったら枠をはずし，まわりのアルギン酸を壊して，中の石膏型を取り出します．アルギン酸は有害な物質を含んでいないので，家庭用の生ゴミとして処分できます．なお，石膏は固まったら速やかに取り出さないと，使いものにならなくなります．アルギン酸が乾燥して収縮するためです．取り出した石膏型は風通しのよい場所で乾燥させます．完全に乾燥するには1週間程度かかります．湿ったままにしておくと，カビが生えてしまうこともあるので注意が必要です．

2.3　接触式3次元デジタイザ

　先ほど述べたようにして型取りしたものや，あるいは人体そのものに対して接触式のプローブを押し当て，プローブ先端の3次元位置を計測する方法があります．手間はかかりますが，たくさんの点を計測すれば表面形状データが得られることになります．後述する非接触計測装置よりも一般的に精度が高いため，工業用（自動車や携帯電話のかたちを測る）には広く利用されています．

　接触式3次元デジタイザには機械式，磁気式，光学式のものがあります．**機械式**には，一般にCoordinate Measuring Machine（**CMM**）と呼ばれる3軸門型の装置（図2.5）と，多関節型と呼ばれる装置（図2.6）とがあります．精度はCMMのほうが高いのですが，装置も大型で，プローブがうまく届かないところがあったりするなど，人体計測には不向きです．多関節型も，対象となる人体あるいはその石膏型をうまく固定しないと，すべての表面にプローブを当てることができません．もっとも石膏型は変形しないので，置き方を変えて数回に分けて計測し，あとから貼り合わせることも可能です．

　磁気式・光学式は，プローブの6自由度を磁気ないしは光学装置で時々刻々検出しプローブ先端位置を推定する方法で，プローブの操作自由度が高く扱いやすいのが特徴です．ただし，計測精度は多関節型より悪くなります．磁気や光学手

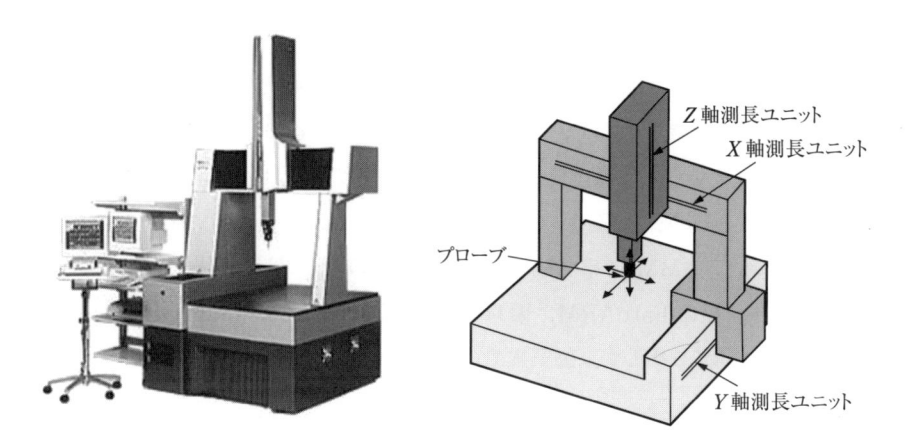

図 2.5 Coordinate Measuring Machine (CMM)

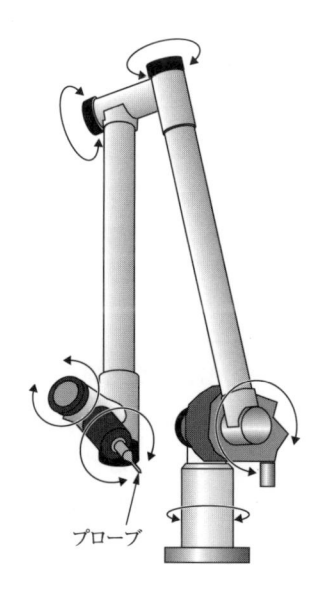

図 2.6 多関節型の 3 次元位置計測装置

2.3 接触式 3 次元デジタイザ

段によるプローブの計測技術は次章で紹介する運動計測技術と同一のものですので，原理や計測の留意点についてはそちらを参照してください．

いずれの方法にせよ，接触式は計測時間がかかります．人間は長い時間じっとしていることができないので，生体表面を接触式で測るのは現実的ではありません．生体で測るなら，特徴点だけを測るために使うなど，短時間で測れる目的に限定すべきでしょう．

参考までに，CMM には(株)ミツトヨのものなどが，多関節型には Faro Technologies 社の FaroARM，東京貿易(株)の Vectron，Immersion 社の MicroScribe などがあります．磁気式では Polhemus 社のものが有名です．

2.4 非接触式 3 次元形状計測装置

対象である人体に接触することなく，その表面形状を計測する方法は，基本的になんらかの光学的手段に基づくことになります．これらの技術はコンピュータビジョンなどの分野で開発されているもので，実にさまざまな方法が考案されています．これらを体系的に整理するのは，必ずしも本書の趣旨ではありません．技術詳細については参考文献 1-4)などをご参照ください．

ここでは，しばしば利用されているいくつかの方法について計測原理概要を紹介するとともに，人体計測に用いたときの得失を整理しておきます．

2.4.1 能動型計測

計測原理は，計測用のパターン化された光線を計測対象物に照射する**能動型計測**と，照明以外の特殊な光線照射を用いない**受動型計測**とに分けられます．一般に能動型計測のほうが精度よく，緻密に測ることができますが，対象物表面にくまなくパターン光を照射・撮影するのに時間がかかります．受動型は，複数台のカメラで異なる方向から観測することで対象物の立体形状を構成する技術であり，カメラを大量に用意できれば，まさしく一瞬で計測を終えることも可能です．こちらの技術では，計測精度と分解能が問題になります．

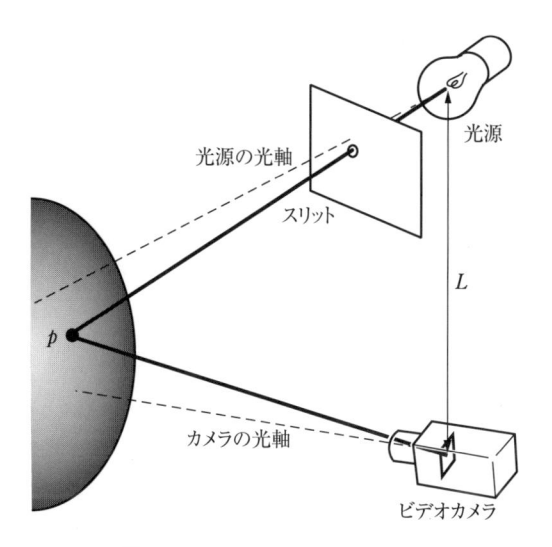

図 2.7　アクティブステレオ法の原理

　人体形状計測で一般的に用いられている装置の多くは能動型の技術をベースにしています．格子縞の合成による空間周波数のうなり現象（モアレ現象）を用いて，計測対象表面上に等高線状の干渉縞を発生させ，それを計測する装置も能動型計測のひとつです．**モアレ法**（モアレトポグラフィ）は，1フレーム分の画像情報のみから立体情報を得ることができるため，計測時間を短くできますが，分解能に限界があり，また相対的な奥行き関係しかわからないなど，完全な立体合成には不向きな面も多くあります．

　最近の市販装置でよく利用されているのが，スリット光やパターン光を投影する**アクティブステレオ法**です．原理を理解するにはスポット光投影を考えるのがよいでしょう（図2.7）．ある瞬間に投影機側がある方向にスポット光を投影して，その方向が既知であるとします．スポット光は計測対象物の表面で拡散反射します（完全鏡面反射ではない）．その反射光を，投影機とは別の場所に設置した受像機で撮影することで，受像機への入射光線方向が検出できます．投影機と受像機の相対的な位置関係をあらかじめ校正しておけば，三角測量によってスポット光を反射させた点（対象物表面上の点）の奥行きが計算できることになりま

2.4　非接触式3次元形状計測装置

す．投影機を動かして，スポット光が対象物の表面をなぞるように走査できれば，対象物表面上の多数の点座標として形状が計算できます．

　受像機には多くの場合ビデオカメラを使うため，1秒間に30コマしか撮影できません．そうなると，形状表面上の点を1000点計測しようと思ったら，30秒以上かかるということになります．全身を1mmピッチで計測すると100万点以上の表面データ点数になるので，計測に9時間以上要することになります．

　そこで，計測を効率化，高速化するためにさまざまな方法が提案され，実用化されています．スポット光（点光）をスリット光（線光）にするのもひとつの方策です．**光切断法**と呼ばれる方法は，複数の光源で平面状のスリット光をつくり，その平面スリット光で人体を切断したときの断面形状を撮影し，その断面で全身を走査することで全体形状を得る方法です．市販計測装置の多くがこの方法，ないしはその改良技術をベースにしています．光で体を走査（スキャン）するため，**形状スキャナ**と呼ばれます．1mmピッチで1800断面を計測しようとすると，1分かかる計算になります．さらなる高速化のために，スリットを複数本投射する方法もあります．また，スリット光（線光）をパターン光（面光）にして高速化する方法もあります．縞状のパターン光を何通りか投影して白黒のコードで縞を識別する方法や，正弦波状の輝度分布をもったパターン光をずらしながら何通りか投影する方法などが実用化されています．

　このような技術革新により，国産の人体形状計測装置はいずれも5〜10秒程度の計測時間で，全身を1〜2mm程度の緻密さで計測できるようなものになっています．全身計測用の国産市販品としては，(株)浜野エンジニアリング，浜松ホトニクス(株)などがレーザスリット光走査型の装置を，日本電気(株)が正弦波状の可視白色光パターンを投光する全身形状計測装置を開発・販売しています．

　海外では，米国のCyberware，フランスのTelmat，ドイツのVitronicsの装置が有名です．いずれもレーザスリット光投影型の計測原理を採用しています．また，特定の部位計測に特化したものとして，三洋電機(株)や(株)アイウェアラボラトリーの足形状スキャナもあります．これらはガラス板の上に人を立たせることにより立位状態で足底まで計測できます．また，コニカミノルタセンシング

(株)のVivid（スリット光走査型）などの汎用形状計測装置でも工夫次第で人体計測が可能でしょう．

2.4.2　受動型計測

受動型の計測技術も市販装置に組み込まれるようになってきました．受動型は，多方向のカメラでそれぞれ1枚の画像を撮影すれば対象形状を再構成できる原理に基づいているものが多いようです．高解像度のデジタルスチルカメラが低価格化したことにより，これを多数台配置して計測する装置も開発されています．大きく二通りの方法があります．

ひとつは多視点のシルエットから立体を再構成する技術です．対象物に凹みがあった場合に検出できないという欠点をもちますが，逆に髪の毛のようにパターン光を拡散反射しにくい個所であっても背景との輪郭の差がはっきりすれば計測できるという利点があります．三洋電機(株)のピエリモというシステムは，まさしくこの技術をベースにしています．30台近いメガピクセルデジタルカメラを使って，頭髪を含む頭部形状を計測する装置です．

もうひとつは，異なる方向から観察した画像間に対応点を見いだし，三角測量によって奥行きを算出するステレオビジョン技術に基づくものです．ステレオビジョン技術では，画像間相関演算などで画素ごとの対応をつけますが，計測対象物の表面のテクスチャ（模様）が均一であると対応づけがむずかしくなります（＝精度が悪くなる）．

そこで，ランダムドットなどのパターン光を対象物に投射する方法も考案されています．アクティブステレオ法と区別がむずかしくなりますが，あくまでもカメラとカメラで三角測量をするのであって，カメラとパターン光投影機で三角測量するわけではないのが特徴です．それゆえ，対象物表面上にいくつかの方向から同時にパターンを投影してしまっても，特段の問題が生じません．アクティブステレオ法では，カメラと投影機の組合せごとにパターン光を投影しないと，対象物表面上でパターン光が重なってしまう問題が起きるのです．英国Shoemaster社が販売していた，FotoFitという足部形状計測システムの前のバージョン

がこの技術をベースにしていました．現在の FotoFit は能動型計測システムに変わっています．

2.5　計測装置の選び方

これらの装置を購入することになった場合，どのようなところに留意すればよいかについて述べます．装置選定時に考えるべきことは，①計測範囲，②計測時間，③分解能（データ点の間隔），④精度，⑤輝度情報が必要か，⑥解剖学的特徴点の計測機能，⑦多方向計測が必要か（死角を減らす），⑧多方向計測データの統合機能，⑨人体形状データ処理機能でしょう．残念ながら，全身が計測でき，足裏も髪の毛も測れ，計測時間も短くて，精度も分解能も際立ってよく，輝度情報も得られるというような完全な計測装置はありません．そこで，研究目的に即し，絶対に必要な機能とあればよいと考える機能を順位づけ，それに適した装置を選ぶ必要があります．

2.5.1　計測範囲

全身が必要であるのか，顔や足などの部位が測れればよいのか，というような大枠だけでなく，足の裏のデータが必要であるとか，髪の毛のデータが必要であるなどの条件も重要です．足裏のデータは靴やインソールの設計に必須ですが，普通の装置では計測できません．先に述べたように，被験者をガラス板の上に立たせガラス越しに足底部形状を計測できる装置（三洋電機(株)，(株)アイウェアラボラトリーなど）を使用するのがよいでしょう．また，髪の毛のデータは光を反射しないため，能動型では計測できません．上述の輪郭線を利用して計測する方式（三洋電機(株)ピエリモ）などの使用を検討することになります．

2.5.2　計測時間

計測時間も重要です．次節でも述べますが，成人男性が 30 秒間じっと立っていたときに，頭部の体動揺は ±10 mm 以上にもなります．高齢者ではもっと大

きくなるでしょう．したがって，計測時間が10秒を超えるような装置は，どんなに計測精度が高くとも，体動揺対策を講じないと意味がありません．そういう意味では，できるだけ高速に計測できる装置が望ましいことになります．

2.5.3 分解能，精度

　分解能はデータの間隔，精度は得られたデータの確からしさを示します．実は，光学式の3次元形状計測装置は，いわゆるトレーサビリティーが保証されていません．**トレーサビリティー**とは，使用している計測装置の精度保証の連鎖が，長さの標準である「レーザを用いた真空中の光の速さ」までトレースできるかどうかということを意味します．精度保証の連鎖とは，計測装置がそれよりも精度の高いゲージで校正され，そのゲージがさらに精度の高いレーザ計測器で校正され，そのレーザ計測器が「レーザを用いた真空中の光の速さ」で校正されているということです．形状計測装置はこの連鎖の中に入っていないため，各社は独自の精度評価を行って，勝手に性能記述しています．ゆえに，性能表だけでは装置の精度を見きわめるのが困難な状況にあるのです．精度のよいものを手に入れたければ，必ず実機で基準物体を計測して，得られた寸法をノギスによる計測結果とつきあわせてみることをお薦めします．これについては，2.6節で詳述します．

2.5.4 輝度情報，色情報

　輝度情報は，人体寸法の取得あるいは人体形状モデルの構成に必要な解剖学的特徴点の検出に使います．計測機の中には，輝度情報を使わずに特徴点位置に光を反射しないマーカを貼って，データの欠落によって特徴点を認識するものもありますが，肝心の部分のデータが欠落するので，できれば輝度情報を使ってマーカを識別し，その位置の3次元座標が計測できるほうがよいでしょう．輝度情報（特に色情報）は**テクスチャ**（texture）ともいいます．

　形状計測装置の重要な利用目的のひとつに**コンピュータグラフィクス**があり，その分野ではテクスチャ情報は必須です．したがって，最近の装置は，輝度情報

が計測できるものが主流となっています．ただし，輝度情報と距離情報（カメラから見たときの形状データは，奥行き距離の分布であるので，距離情報という表現を用いる）を正確に対応づけているかどうかは別の問題です．コンピュータグラフィクスでは，見た人にリアルな印象を与えるかどうかが重要であり，その場合テクスチャの質が第一で，テクスチャ（輝度情報）と形状データ（距離情報）の空間的な一致はあまり重要視されません．少々ずれていても見た目ではわからないからです．それゆえ，両者のマッチングを正確に行っていない装置もあります．テクスチャと形状データがずれていると，テクスチャから解剖学的特徴点を同定し，対応する形状データ点から座標を得るときに誤差を生じることになります．

2.5.5 解剖学的特徴点

輝度情報が得られれば，解剖学的特徴点の位置を取得することが可能になります．ただ，それが技術的に可能であるという程度であるのか，システムとしてサポートしているのかの違いは使い勝手に大きな違いをもたらします．解剖学的特徴点の位置データを得るにはマーカを検出し，その座標を取得する工程（marker detection）と，そのマーカの解剖学的な意味づけを与える工程（labeling）があります．

理想的には，画像情報からマーカ領域を自動的に検出して座標を取得し，人体の解剖学的特徴点のデータベースと照合して，自動的に意味づけをするシステムが望ましいといえます．（株）アイウェアラボラトリーの足形状スキャナや浜松ホトニクス(株)の全身形状スキャナは，自動検出・自動ラベリング機能を持っています．ただ残念ながら，このような機能を備える機種はまだ少数で，多くの場合，解剖学的特徴点をオペレータが目視によってマウスクリックし，座標値を取得するようになっています．一部のソフトウェアでは，マーカシールの範囲を選択して，輝度情報まで用いてサブピクセル精度でマーカの中心を計算する機能を備えています．

ただし，この機能も不完全なものだと誤差がかえって大きくなるので要注意で

す．カメラに写るマーカ形状は円とは限らず，楕円（正確には楕円ではなく射影変換された円）になる場合もあります．さらにいえば，マーカの半分しか見えない場合もあり得ます．2次元の画像輝度情報から算出するのではなく，輝度と形状を統合した3次元表面形状情報から算出するのが，正しいマーカ中心の計算方法でしょう．ただ，このようにして，サブピクセル精度で中心を計算する機能を備えたシステムはほとんどありません．結局，画面を見ながら，オペレータが慎重に中心を探してマウスクリックすることになります．このためには，部分的な拡大機能があると楽です．

　クリックして座標を取得したマーカに対して，オペレータが解剖学的な意味づけ（名称）を教示します．マーカの位置情報と意味情報を統合管理できるデータ構造をもっていればオペレーションは楽になり，ミスも少なくなります．ただ，なかにはオペレータがクリックした順番に座標値を蓄積し，それをテキストファイルとして書き出すだけというシステムもあります．この場合，オペレータはクリックする順番をきちんと決めておかなければならないし，もしひとつでもスキップしたら，データが損なわれることになります．また，保存されたデータにも解剖学的特徴点のラベルが付いていないため，データの移植性・継承性がよくありません．このあたりは第3章で紹介する運動計測システムのほうが，より洗練されています．

　なお，マーカを使わず，形状特徴やデータベースから自動的に解剖学的特徴点の位置を推定するシステムもあります．浜松ホトニクス(株)やCyberware社などのシステムがこの機能を備えています．こういうシステムの選定や機能の使用に際し，ユーザの関心は「自動計算されたマーカ位置が，どの程度信頼できるか」にあるでしょう．これについては，システム開発メーカになんらかのデータを出してもらうしかありません．多くの場合，システム開発メーカは中立的な研究機関に依頼して推定精度の信頼性を検証しています．その報告書の写しをもらうのがよいでしょう．たとえば，上記浜松ホトニクス(株)のシステムは筆者らが検証していますし，Cyberware社のDigiSizeシステムはUS Army Natick Soldier Systems Centerで検証されています．

いずれにせよ，現時点の技術レベルでは，平均的な体形±1標準偏差の範囲を超える体形について，形状特徴のみから解剖学的特徴点を精度よく同定するのはきわめて困難です．最先端の研究成果でも，誤差が20 mm以上になる場合があります．将来的には，新しい技術開発やデータの蓄積により，実用的な精度を実現できると思われますが，現時点では必ずしも十分ではないことを踏まえて選定してください．

2.5.6　多方向計測

多方向計測は，全身を測る，頭部全周を計測するというときに必要になります．カメラが動くもの，人を動かすもの，カメラをあらかじめたくさん配置しているものなどがあります．

人体計測の場合は，人が動く方式はお薦めできません．動いている間に被験者の姿勢が変わってしまうからです．カメラが動くものは，一般に計測時間がかかります．このため，体動揺の影響が大きくなる傾向があります．

2.5.7　多方向計測データの統合

多方向計測のデータ統合機能とは，多方向から計測して得られたデータを1つのデータに**位置あわせ**（alignment）し，**合併**（merge）することです．筆者もいままで多くの市販計測装置を見てきましたが，多方向から計測した人体形状データを，きれいに（継ぎ目や段差なく）統合したものはほとんどありませんでした．からだが動いてしまうのも問題ですが，静止しているマネキンを測ってもうまく統合しきれない装置がほとんどです．装置購入後にもっとも不満がでやすい（こんなはずではなかった）のがこの機能ですので，慎重にチェックすべき部分です．位置あわせと合併に関する技術的な詳細については2.6節に譲るとして，ここでは，何に留意すべきかを述べます．第一がキャリブレーション，第二が位置あわせと合併の方法，第三が統合結果の確認です．位置あわせの結果にもっとも大きく影響するのが，複数台のカメラの相対的位置関係を記述した**キャリブレーションデータ**（光学外部パラメータ）です．

まず，ユーザ自身が簡単にキャリブレーションをやり直せるようなシステムかどうかがチェックポイントです．第3章で紹介する運動計測装置と違い，形状計測装置ではユーザ自身でキャリブレーションをやり直せるものがあまりありません．煩雑で高精度の校正装置を用いるためでもあります．この場合は，メインテナンスとして別途費用を払ってキャリブレーションを依頼することになります．ユーザ自身が比較的簡便にキャリブレーションできるようなシステムだと扱いが楽になります．

　次に重要なのが，キャリブレーションデータの管理です．多くの形状計測装置は，カメラごとの形状データを生データとして保持していて，後日その位置あわせと合併処理ができるようになっています．この場合，計測データに対応する計測時点での最新のキャリブレーションデータをシステムが管理できるのが当然なのですが，こういうキャリブレーションデータの履歴管理ができていないシステムが多いのです．キャリブレーションデータが常に固定されたファイル名になっていて，ユーザ自身がパラメータファイルを管理しなければならないというシステムもあります．このあたりは仕様書にもでていない点なので，慎重に確認してください．

　第二の位置あわせと合併の方法については，ある程度，方法論に関する知識がないと確認しきれません．これらについては2.7節で述べるので，それを参考にしてください．位置あわせについては，キャリブレーションデータを信頼してそれだけで行っているのか，それに加えて，重複部分の誤差を最小化するような処理があるのか，合併については，円筒座標系や2.5次元平面座標系を仮定しているのか，そうではなくポリゴンやボクセルベースで合併しているのか，という点がチェックポイントになります．

　技術的なことがわからない場合は，第三に挙げたように，とにかく統合した結果を見て確認するのがよいでしょう．ダミーや花瓶などの形状データではなく，実際に人間を測ったデータを見せてもらうこと，それも**点群データ**（図2.8(a)）や**テクスチャ付きデータ**（図2.8(b)）ではなく，スムージングをかけないシェーディング表示（図2.8(c)）を見せてもらうことです．特に，肩上

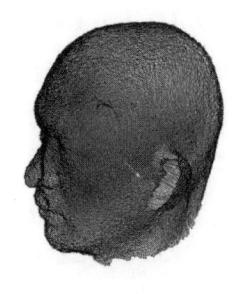

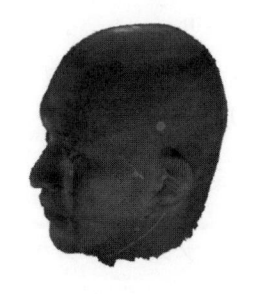

(a) 点群表現　　　(b) テクスチャ付き表現　　　(c) シェーディング表現

図 2.8　人体形状データの表現

面，体側，顎の下など陰になりやすい部分，あるいは，多数台のカメラで重複して計測している部分などを拡大してチェックしましょう．欠落部分を勝手に補間している場合もあるので，可能であれば補間前のデータを見せてもらうようにしてください．

2.5.8　データ処理機能

データ処理とは，計測した形状データから，利用者の求める解析結果を得る工程です．データ処理には大きく3つあります．第一は，コンピュータグラフィクスやCADで使われるような形状データに変換する機能です．たとえば，DXFやVRML，Wavefront OBJなどの形式でデータを保存できるかどうかということです．第二は，採寸や断面生成機能です．特定の特徴点間の直線距離や，体表面に添った経路長，断面の周囲長などを計算する機能をもっているかどうか．第三は，解剖学的特徴点に基づいて計測したデータを，同一点数・同一位相幾何構造の形状データ（後述する相同人体モデル）に表現し直す機能です．これができると，形状データの統計処理が可能になります．詳細については2.7節で述べます．

第三の機能については，近年，いくつかの方法が立て続けに提案されてきています．本稿執筆時点では，相同人体モデルを構成できるソフトウェアとしては，筆者らと共同開発している(株)アイウェアラボトリーの足専用モデリングソフ

ト Di+，浜松ホトニクス(株)の形状スキャナ付属の体幹部モデリングソフト，(株)エルゴビジョンの Body Shanpe Browser があります．今後，類似ソフトウェアが多数出てくるものと思われます．人体運動データを分析するソフトウェアの充実度と比較した場合，人体形状データを分析するツールは全体的に不足気味です．したがって，コンピュータグラフィクスや CAD のソフトウェアを使って，分析を進めることが多くなるので，それらとのリンクは重要になります．

2.6 非接触式 3 次元形状計測装置による計測上の留意点

2.6.1 計測精度の確認

　計測を始める前にやらなければならないのは，計測装置の精度確認です．買ってきた計測装置が必ずしも信用できるわけではありません．まず，測ろうとする人体部位とほぼ同じ大きさの固い基準物体の表面に複数個のマークをつけて測ってみましょう．物体を置く位置を変え，10 回程度計測します．これによって計測結果の**ばらつき**（precision）を調べます．

　ばらつきには，環境や計測者を変えずにくり返し計測した場合の**くり返し性能**（repeatability）と，別の日に環境や計測者が異なる条件下で同一の計測を行う**再現性**（reproducibility）とがあります．装置の誤差やノイズによるばらつきであれば，くり返し特性で知ることができます．物体の位置を変えているのでマークの座標そのものを比べても意味がありませんが，マーク間の距離は一定のはずなので，マーク間距離のばらつきを調べることで再現性を知ることができます．装置に系統的な偏りがなければ，ばらつき方は正規分布に従うはずで，標準偏差によっておおまかな目安を得ることができます．

　次に，基準物体に貼ったマーク間の距離を，たとえばノギスなどで実測します．副尺のついた工業用ノギスを使えば，人体形状計測装置より明らかに精度よく測れます．このノギス実測値を真値として，形状計測装置から得られたマーカ

間距離の真値とのずれ＝**真度**（trueness）を計算します．計測範囲全体にわたって実測寸法値が真の寸法値に十分近いか，計測範囲の中心から端にいくにしたがって誤差が大きくなったり小さくなったりしないかを確認してください．一般的に形状計測装置の再現性は高いようです．したがって，再現性のレベルで装置の公称誤差以上の値が出るならば，なんらかの問題があると考えるべきでしょう．

これに対して，真値との突き合わせをする真度の扱いはなかなか困難です．こちらも公称値より大きかったり（2倍以上），あるいは計測空間内で誤差の小さい部分と大きい部分があって，その差が2倍以上もあるようなら，装置メーカと相談することをお薦めします．多くの場合，装置のキャリブレーションをやり直すことになります．

なお，固い基準物体としてどのようなものを選び，それを空間内でどのように置いてチェックすればよいのかについて，国際標準化が進んでいるので，その動向を紹介しておきます．

近年，自動車や金型などの形状計測にも人体計測と同じ原理の非接触形状計測装置が活用されるようになり，その精度検証方法の確立・標準化が進められています．本稿執筆時点ではまだ国際標準はできあがっていませんが，日本とドイツがそれぞれ提案をしています．2つの真球を棒でつないだ鉄アレイのようなものを精度検証用のゲージとして用意し，2つの球の中心間距離を，トレーサビリティの保証されたCMMなどで値づけをしておきます．その鉄アレイ状のゲージを計測空間内の何個所かで計測し，計測された点群データに球面方程式を当てはめて中心を計算し，中心間距離を得ます．それを別途計測したより正確な値と比較するという方式です．

このような厳密な誤差検証をユーザレベルで行うことは困難ですが，国際標準化されれば，この検証方法に基づく結果が性能表に記載されるので，装置間の基本精度比較が容易になるでしょう．精度検証用のゲージとして大きな平板や円筒を使うことがあるようですが，あまり賢くありません．平板は平面に平行な方向のずれを検証できませんし，円筒は中心軸方向のずれが検証できません．また，平面にマーカを貼ってマーカをクリックした誤差で精度を検証するという方策を

とる場合もあるようですが，これはマーカクリックの誤差までふくめていて，形状の誤差を検証していることになりません．両者は別々に検証すべきものです．

　固い基準物体を計測したら，その後，実際の人体にマークをつけて計測してみましょう．人体のほうは真値が得にくいのですが，最低限，再現性の検討はできるはずです．

　人体形状計測装置を使って，第1章で述べたような人体寸法を取得するのであれば，手計測による人体寸法計測値との比較が必要になります．国際標準 ISO 20685 では，人体形状計測装置から得た寸法が従来の手計測による寸法と同等とみなすことができるかを評価するための実験方法を規定しています．この規格のこの部分は normative です．つまり，人体形状計測装置を使って人体寸法のデータベースをつくろうとするならば，この実験をしなければいけない，ということです．

　この方法では，少なくても 40 名の被験者について，熟練した計測者が計測点にマークをつけて手計測と形状計測を行います．手計測による値を真値とみなして**誤差**（＝形状計測装置による寸法－手計測による寸法）を求め，その平均値，標準偏差，95%信頼限界を計算します．誤差の 95%信頼限界が，計測者の誤差に基づいて決められた値（たとえば，胸囲のような大きな周長では 9 mm，高さ項目では 4 mm など）よりも小さければ，両者を同等とみなします．形状計測装置から得られた寸法は，手計測による値と必ずしも一致するわけではありません．われわれの経験では，ある程度以上の大きさの高さ項目では両者はよく一致します．誤差が大きいのは，2 つの計測点を異なるカメラで測るときの 2 点間距離，体幹部を両側から挟んで測るような幅寸法，計測範囲の端に当たる足付近の寸法などです．

　周長は，そもそも巻尺で接触して測る手計測と，非接触で測る寸法が一致しにくいと思われます．誤差が大きい場合でも，手計測値との相関が高ければ，回帰式などを使って推定することができます．推定を考える場合は，相関係数を計算するだけでなく，必ず X 軸に形状計測装置で得た値を，Y 軸に手計測で得た値をとって散布図を描いてみてください．第 1 章で述べたように手計測には計測ミ

スがつきものですし，形状計測装置で得た寸法にもマークの誤認識などにより異常データがでることがあります．異常データは，手計測でも形状計測装置で得た寸法でも必ずあります．

　推定式をつくる場合は，これらのデータを削除してからつくりましょう．高い相関が得られない場合もあります．そもそも，人体寸法を計測するときと形状を計測するときとで姿勢が違いますから（形状計測時は，通常足をひらき，上肢を少し外転しています），一致するはずがない場合もあります[5]．これらの場合には，従来の手計測との互換性を諦めることになります．

2.6.2　着衣・キャップ

　人体形状計測では，人体寸法計測以上に着衣の選定が重要な意味をもちます．正解はありません．そもそも，裸体の状態を保持できるような着衣はないし，また，裸体で計測することが正解ともいえないでしょう．アウター設計のためであれば，きちんと補正下着を付けた状態がよいかもしれないし，インナー設計のためならば裸体がよいのかもしれません．いずれにしても，あまり体表面を変形させるもの，局所的にしめつけるもの（パンツのゴムがきつすぎるなど）は好ましくありません．また，被験者の心理的抵抗も考慮する必要があります．あまり露出の激しいものは被験者の心理的抵抗が大きいでしょう．

　国家的なプロジェクトとして取り組む人体形状計測では，独自の着衣を開発してしまうこともあります．アメリカ，オランダ，イタリアで行われたCAESARプロジェクトでは，大手水着メーカのJantzenが着衣を担当しました．韓国のSize Koreaプロジェクトでも，独自の着衣を開発しています．いずれの場合も，下半身用のショーツについては大腿側面に縫い目がなく，殿裂の形状がわかるように縫製されたものを選んでおり，最低でも4つのサイズバリエーションを準備しています．女性用のブラジャーは，ワイヤーやパッドが入っていない伸縮性のある素材のものを用意しています．こちらも，アンダーバストとカップに応じて十分なサイズバリエーションを準備する必要があります．

　国家プロジェクト級の計測であれば，このような特注着衣も用意できますが，

多くの場合は市販の下着の中から探すことになるでしょう．この場合も，留意点は同じです．まず，サイズバリエーションが豊富なこと，ブラジャーであればワイヤー類やパッドのないものを選ぶとよいようです．女性用ショーツには大きなサイズがない場合が多いので，海外通販を利用するのも一案です．ただし，海外通販を利用してたくさんのサイズを1着ずつ一度にまとめて購入すると，「再販のためにサンプル品を発注しているのではないか？」と疑われて売ってもらえないこともあります（体験済み）ので注意が必要です．計測装置の都合上，着衣の色は皮膚の色と極端に明度が違わないものがよいです．グレー，ベージュなどだと，きれいにデータがとれるようです．多くのシステムは皮膚の反射光強度が適切な輝度強度で撮影できるようにレンズ光学系を調整しているため，白い着衣では反射光強度が強すぎ，かえってうまく撮影できません．

　頭髪は，多くの計測機ではデータをとることができません．アクティブステレオ法で照射したパターン光が反射しないためです．そこで，キャップをつけて計測します．シリコーンゴム製の水泳用キャップは，サイズが大きすぎると浮いてしまうので，あまり好ましくありません．

　上記CAESARプロジェクトでは，かつら下キャップを使用しました．これ

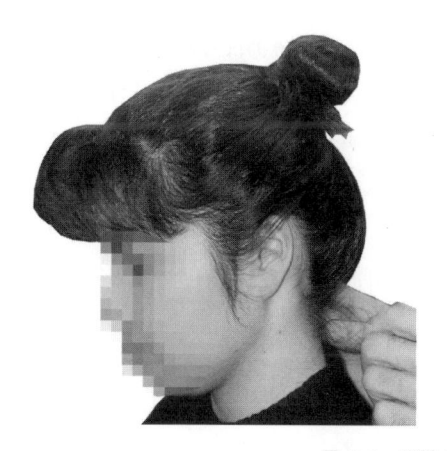

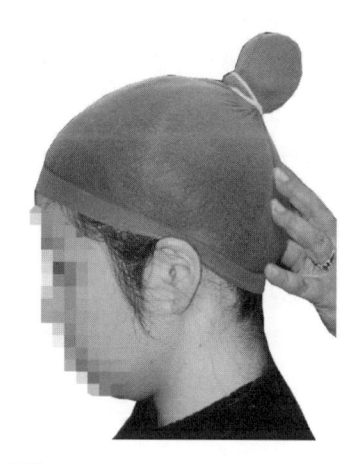

図 2.9　頭髪の処理

2.6　非接触式3次元形状計測装置による計測上の留意点

は，ストッキングと同様の素材でつくられた薄手のキャップで，図2.9のように使います．髪の毛が長い場合は，まず形状からの寸法計測の邪魔にならないところで，かつマーカシールを貼らない場所で束ねた上でだんご状にし，だんごの上からキャップをかぶせ，だんごの根元を輪ゴムでしばります．形状データからこのだんご部分を切り落とせば，一部欠落があるものの，比較的頭の形状に近いデータが得られます．

2.6.3 マーカ用シール

　解剖学的特徴点の検出，意味づけについては，2.5節で述べたとおりです．システムとして解剖学的特徴点の自動検出をサポートしているような場合には，専用のマーカシールが別途用意されていることが多いようです．これは第3章の運動計測システムと同じです．

　ただ，2.5節で述べたとおり，解剖学的特徴点の検出や意味づけをシステムとして完全にはサポートしておらず，技術的には可能という水準で設計してあるシステムも多いのが現状です．この場合，ユーザ側で適切なマーカシールを探すことになります．レーザー光を使う場合は，水色，灰色，白がはっきりと見えるようです．本稿執筆時点では，レーザー光を使うシステムは赤色ないしは赤外線の波長領域を使っているためです．通常光を使う場合は水色，緑色がうまくいきます．赤色系の波長を使っているので，赤色系のマーカのほうが反射効率がよいと思われるのですが，実際に使ってみると，体表面が赤色系の反射特性をもっているため，体表とマーカの識別がしにくいのです．

　また，カラーカメラを使っているシステムでは，色収差（波長によって屈折率が異なる）によって距離計測に偏差が生じ，マーカの部分だけがへこんだり，飛び出したりすることもあり得ます．実際に計測しながら，いろいろと試してみるしかありません．

　マーカシールは，柔らかく粘着性が強く，肌に優しいものがよいのですが，実際には文房具店などで売っている丸いマーカシールくらいしか選択肢がありません．マーカシールを使わなくても，鉛筆状アイライナーでつけたマークをそのま

ま利用できる装置もあります．マーカシールを貼ると，その分被験者の拘束時間が長くなるので，見えやすさ，手間なども考慮して決めることになるでしょう．好ましいマーカシールのサイズは，計測対象部位の大きさと，凸凹の強さに依存します．計測対象部位が比較的小さい場合は，直径 6 mm 程度，大きい場合は直径 10 mm から 20 mm 程度が使いやすいようです．

2.6.4　体動揺

　現在市販されている 3 次元形状計測装置の計測時間は，10 秒程度のものが大部分です．成人男性でも，10 秒間完全に静止していることはできません．上のほうにある特徴点ほど大きく揺らいでしまいます．このような体動揺の影響を 3 次元形状データからとり除く方法は 3 つあります．第一は計測に必要な時間を徹底的に短くすること，第二は身体が揺らがないように固定してしまうこと，第三は揺れの情報を同時計測して補正することです．

　筆者らは，国の事業として，隠れなく（耳の後ろ，脇の下，股の間なども計測できる）高速に人体を計測する装置を開発しました（図 2.10)[6]．頭部形状計測用を日本電気(株)が，全身用を(株)浜野エンジニアリングが実装しました．頭部全体を 0.9 秒程度，全身を 1.8 秒で隠れなく計測できます．5 秒程度で計測できる装置が，この技術を民生展開した上記 2 社や，浜松ホトニクス(株)から市販されています．

　このような高速計測が期待できないときは，身体を固定するのも一案です．図 2.11 は，筆者らが使った全身の固定装置です．当然，この装置の棒の部分などが影になってデータが欠落するのですが，それでもずれてしまうよりはまだよいでしょう．肝心な部分（特徴点や正中矢状断面など）に影ができないよう工夫されています．

　第三については，研究段階ですが，スリット光による断面スキャンと同期して，人体各部に貼り付けたマーカの位置を計測しておく技術が開発されています．あとからマーカの位置の時間変化情報から体動揺を計算し，スキャンされた断面の位置を補正します[7]．

(a) 頭部形状計測装置

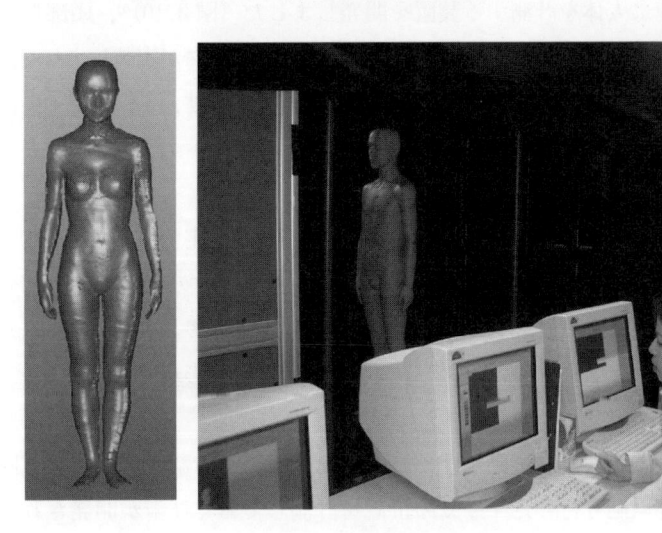

(b) 全身形状計測装置

図 2.10　高速人体形状計測装置

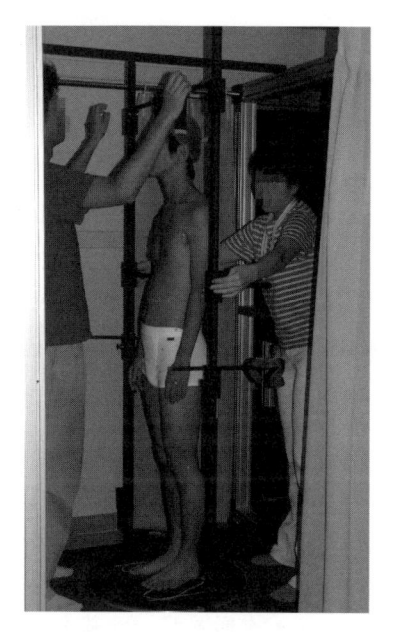

図 2.11 人体固定装置の例

2.6.5 被験者への配慮

　計測時の着衣や環境に配慮することは，人体寸法計測の場合と同じですが，人体3次元形状計測では人体寸法と決定的に違っていることがひとつあります．頭顔部の形状データから個人が特定できる可能性がある，ということです．

　したがって，計測時のプライバシーに配慮するだけではなく，計測した後のデータ管理，個人情報管理に関する十分な配慮が必要となります．被験者数が多くなれば，個人情報保護法も踏まえ，法的な整備も必要となるのです．いずれにしても，頭顔部形状データを第三者が利用する可能性がある，あるいは最初から広く利用してもらうために第三者に公開する目的でデータをとる場合は，そのことも含めて被験者と合意しておく必要があります．

　なお，顔を除く人体3次元形状データに関してプライバシーが問題になるのは，形状データに個人属性（氏名，性別，年齢，職業など）がついているから

で，個人属性がついていなければその形状データは anonymous である（＝個人情報ではない）という考え方もあります．

2.7 形状データ処理

2.7.1 形状データの記述形式

さて，さまざまな配慮と準備のもと，適切な形状計測装置によって，めでたく人体形状データが計測できたとしましょう．人体寸法データは，得られたデータを Excel や統計ソフトウェア入力することで，簡便に分析できるようになりますが，形状データはそうもいきません．まず，形状データの記述形式から話を進めていきます．

そもそも，形状データというのは形状を記述する点座標の集合です．したがって，点座標だけを羅列したデータ形式が一番基本的なものになります（図 2.12(a)）．ASCII 形式（いわゆるテキストファイル）で，X 座標〈TAB〉Y 座標〈TAB〉Z 座標〈CR〉という形で，1 行に 1 点分の座標値を記述します．計測点数が 10 万点あるのなら，10 万行のデータファイルということになります．点座標のあとに，その点での輝度情報を合わせて記述することもあります．モノクロならば，X 座標〈TAB〉Y 座標〈TAB〉Z 座標〈TAB〉濃淡値（0-255）〈CR〉ですし，カラーなら，X 座標〈TAB〉Y 座標〈TAB〉Z 座標

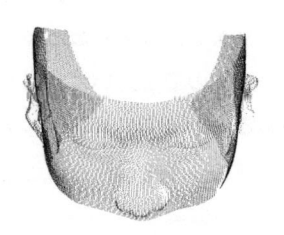

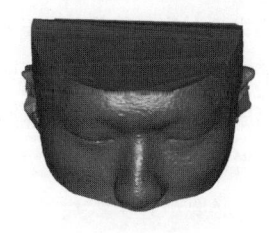

(a) 点群データ　　　(b) ポリゴンデータ　　　(c) NURBSデータ

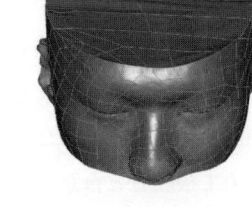

図 2.12　人体形状データ

⟨TAB⟩ R 濃淡値（0-255）⟨TAB⟩ G 濃淡値（0-255）⟨TAB⟩ B 濃淡値（0-255）⟨CR⟩のようになります．このような点群を記述したデータを**なまデータ**（RAW データ），または**点群データ**（Point Cloud）と呼びます．

　実際の形状は，それらの点の間に面があって，その面の集合でできあがっています．そこで，点だけではなく面の情報として記述するほうがよりよいということになります．点の間に平面を張って，形状を多面体として表現する形式を**ポリゴン形式**と呼びます（図 2.12(b)）．ポリゴンなのだから，何角形でもよいのですが，四角形以上になると，1つのポリゴンが平面である保証はなくなります．そこで，一般的には三角形のポリゴンで表現します．

　このように表現されたデータは，DXF 形式とか Wavefront OBJ 形式，VRML 形式，Stanford/UNC PLY 形式などで保存できます．これらは，いずれもファイルの形式です．DXF は，Autodesk 社（http://www.autodesk.com/）が規定している CAD データの記述方式．多くのソフトウェアがこれに対応していますが，Autodesk 社が規定を次々とバージョンアップするため，現実的にはあまり互換性がとれていません．Wavefront OBJ 形式は，Maya というコンピュータグラフィック向けソフトウェアを開発・販売している Alias | wavefront 社が規定したデータフォーマットです．すでにデータフォーマットの進化が止まっているため互換性が高く，コンピュータグラフィック分野で広く利用されています．Viewer（形状データをコンピュータ上に描画表示するソフトウェア）も数多く出回っています．

　VRML 形式（http://www.vrml.org/VRML2.0/FINAL/）と，PLY 形式（http://www-static.cc.gatech.edu/projects/large_models/ply.html）は，団体や学術組織が提唱するデータ形式です．DXF，Wavefront OBJ は輝度情報を表現できませんが，PLY 形式，VRML 形式は輝度情報も合わせて表現できます．VRML 形式は，形状だけでなくシーン（環境）が表現できるようになっているので，拡張性がある反面，人体形状だけを表現するのであれば無駄が多いということでもあります．

　ちなみに，DXF，Wavefront OBJ，VRML，PLY のいずれもテキストファ

イル形式です．なかでも，エディタなどでデータを簡単に操作しやすいのは，Wavefront OBJ 形式と PLY 形式です．DXF 形式では，3DFACE というコマンドを使ってポリゴン表現することが多いのですが，この場合，1つのポリゴンを構成する座標値を列挙します．1つの頂点は，複数のポリゴンに含まれているはずなので，同じ点が何度も出てくることになります．

これに対して PLY 形式は，ヘッダ・データ・フェイスの3つのパートに分かれていて，ヘッダにはポリゴン数やデータ点数などの情報，データには XYZ 座標値が記述されます．そして，フェイスに何番目の頂点を接続して面ができるかという頂点対応情報を記述します．後述する人体相同モデリングでは，どの個人も，解剖学的に対応づけられた同一点数・同一位相幾何構造の形状モデルで記述されるため，ヘッダとフェイスが同じで，データのパートだけが異なることになります．つまり，データのパートだけ入れ替えればよいのです．データを編集しやすいという理由もそこにあります．

多面体ではなく，数学曲面の集合体として形状を記述することもあります．2次元で考えると，平面上に円く並んだ点列を1つずつ直線でつないで多角形表現するか，中心の座標と半径と円の方程式で表現するかの違いに相当します．最近は，**Non-Uniform Rational B-Splines 曲面**（NURBS）という方式で記述するのが一般的になっています（図2.12(c)）．スプラインですから，薄い鉄板を弾性域内で曲げて形状に沿わせることで，形状を曲面表現するという考え方になります．鉄板の変形は数学モデル化できているので，薄い鉄板の4頂点などを指定すれば，曲面全体が記述できます．1つの鉄板で人体形状をそっくり包み込むことはできないので，普通いくつもの鉄板をパッチワークのように張って，その集合体として曲面表現します．このように表現されたものを，**曲面モデル**，**曲面パッチモデル**と呼びます．このようなデータは，IGES 形式（http://www.itl.nist.gov/fipspubs/fip177-1.htm）で保存するのが一般的です．

2.7.2　ノイズ除去

計測データ処理の最初のステップは**ノイズ除去**です．ほとんどの計測装置には

ノイズ除去の機能が付いているので，それを使うことになります．ノイズ除去は，形状データに限らずあらゆるデータにつきまとう問題ですが，形状データ処理では少々違う意味で使われることがあるようです．

　形状データ処理における「ノイズ」は，人体形状を計測したときに同時に計測されてしまった余計なもの（体を支えるための棒や背景の板など）を指す場合が多いのです．これは，**アーティファクト**と呼ぶべきですが，形状処理ではなんでもノイズと呼んでしまいます．したがって，「ノイズ処理」では，おもにこのアーティファクトを目視と手作業で除去することになります．肝心のノイズ，すなわち，なめらかな面を計測したのに，より空間周波数の高い形状データが重畳しているというようなものは，この段階では除去できません．後述するポリゴン化か曲面モデル化のときに，除去することになります．

2.7.3　特徴点入力

　2.5 節で述べたように，多くの人体形状計測システムでは，解剖学的特徴点の検出と意味づけの工程が体系的にシステムに組み込まれていません．したがって，形状計測時に得られた輝度情報や色情報の画像データを見ながら，解剖学的特徴点上に貼ったマーカシールを目視で識別し，マウスクリックなどでその座標を取得する工程が必要となります．多くの場合，この工程も手作業になります．先に述べたように，検出が手作業であっても，その座標データが解剖学的な意味情報を含めて管理できるようになっていればよいのですが，そうでないシステムの場合には，クリックする順番を明瞭に決めて，マニュアルどおりの順番でクリックしていかなければなりません．

2.7.4　位置あわせ

　人体形状は 1 方向から撮影しただけでは計測しきれません．そのため，カメラを複数台使って多視点計測することになります．当然，複数カメラで得られた形状データを一体化する必要がでてきます．この第 1 ステップが**位置あわせ**（alignment）です．位置あわせとは，複数台のカメラで得られた形状データ

（多くの場合，この時点ではそれぞれのカメラ座標系で記述されている）を，統一された装置座標系に変換するステップです．

もっとも基本的な方法は，カメラを装置にしっかりと固定しておいて，多数台のカメラ間の相対的な位置関係（光学外部パラメータ）を，別途キャリブレーションによって取得する方法です．カメラという装置は，1 m ほどの大きさのものを撮像素子サイズ（切手大）まで光学的に縮小する構造であるため，カメラの固定台などが少しでもずれると，すぐに数 mm の誤差を生じてしまいます．まったく使用していなくとも，経年変化によってカメラの位置は微妙にずれ得るし，頻繁に使っていれば被験者の出入りに伴う振動で一層ずれることになります．その場合は，改めてキャリブレーションをやり直し，光学外部パラメータを置き換えることになります．

ある程度定期的に既知形状データ（基準球など）を計測し，納入時に比べてカメラ間の位置あわせのずれが目立つようであれば，キャリブレーションをやり直すのがよいでしょう．光学外部パラメータで位置あわせをするだけではなく，カメラ間で重複している部分の形状誤差が最小になり，全周でのずれが最小になるように，さらに微修正を加える技術も開発されています．このような位置あわせ補正機能を組み込んでいる装置もあります．

これらの機能が，計測装置とは別の市販汎用ソフトウェア（Rapid Form や Geomagic Studio など）に組み込まれているため，それを利用するケースもあります．市販ソフトウェアの場合，カメラごとの形状データを単に点群データとして扱って誤差を最小化することになります．これに対し，カメラ専用のソフトウェアの場合，対象物表面の3次元情報だけでなく，対象物とカメラの位置関係の情報ももっているので，カメラから対象物までの距離を符号付きの距離情報として表して，より幾何学的に正確に位置あわせすることも可能になります．

2.7.5 合併

位置あわせのあとに**合併**（merge）があります．多数台のカメラで計測された形状データの欠片は，それぞれ部分的に重複しています．どれほど誤差を少なく

位置あわせしても，この重複した部分が完全に 1 枚に重なることはなく，層状にずれが生じてしまいます．この部分を 1 枚のつながった形状データにする工程が合併です．前述の市販汎用ソフトウェアにも merge 機能が搭載されています．

また，先に述べたように符号付きの距離情報を使って合併できれば，そのほうがより幾何学的に破綻のない形状を構成できます．ただ残念なことに，多くの市販形状計測装置はいずれでもない方法で合併している場合が多いのです．円筒座標系等による合併です．人体は，そもそも筒状であるので円筒座標系で表現しやすい．そこで，位置あわせした多カメラの形状データを，一度，人体中心の円筒座標系に変換し，重複個所があれば放射線方向に平均値を計算して合併します．ただし，これではうまくいかない場合もあります．たとえば，腰の部分の断面を円座標で記述しようとすると，手の部分がうまく表現できません（図

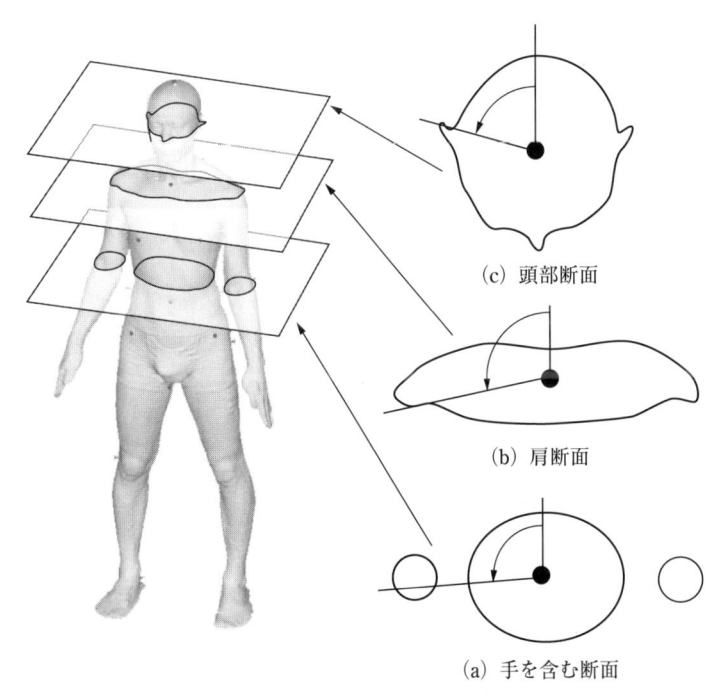

(c) 頭部断面

(b) 肩断面

(a) 手を含む断面

図 2.13　円筒座標系表現

2.13(a))．

そこで今度は，手足を切り離し，人体をできるだけ円筒で表現できるパートに分けて記述することになります．ところが，それでも円筒表現できない個所があります．たとえば，肩断面（図2.13(b)）や耳を含む頭部断面など（図2.13(c)）です．

別の問題もあります．たとえば，人体形状を円筒座標系の水平断面積層で表現しようとすると，肩上面のようにそもそも水平になっている部分ではデータ点間隔が広くなり，うまく表現できないことになるのです（図2.14）．円筒座標系ではなく，2.5次元の平面座標系で合併する場合もあります．これは，多数台のカメラの形状データを，人体の正面と後面に想定した仮想平面座標系に変換し，その平面座標系の奥行き方向データとして統合する方法です．この場合も体側部分や肩の上面などは，データが記述できないため，失われてしまいます（図2.15）．これらの個所は，本来計測データとして取得できていた部分ですが，安易な合併処理によって失われてしまうことになります．体側部分，肩の上面，耳の後ろ側などは計測がむずかしい（光が当たらない，カメラで見えない）だけでなく，合併処理によっても失われやすい個所になっています．うまく計測できない場合には，データの合併処理を見直すのも一案です．

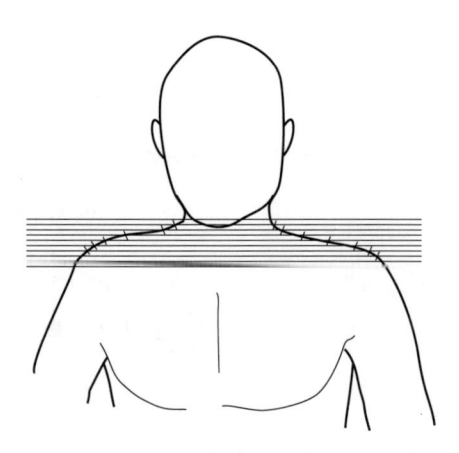

図2.14　水平断面積層表現

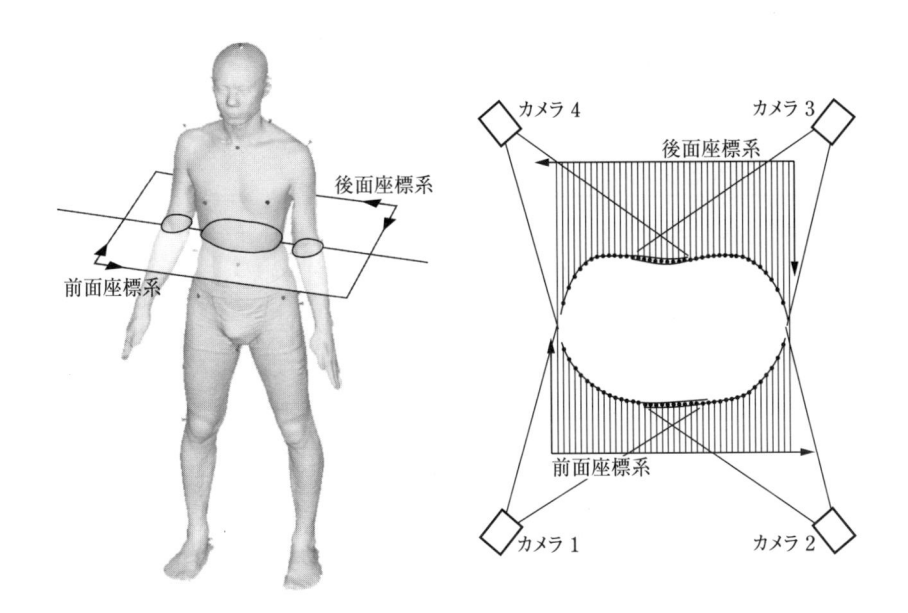

図 2.15　正面・後面座標系表現

2.7.6　ポリゴン化

　計測された人体形状データは，基本的に点群データですが，これに面を張ることができます．これも，多くの形状計測装置が標準的に備えている機能です．別に汎用市販ソフトウェアで**ポリゴン化**（polygonize）を行うこともあります．DELCAM 社（http://www.delcam.com/）の CopyCAD, Raindrop Geomagic 社（http://www.geomagic.com/）の Geomagic Studio, INUS Technology 社の Rapid Form というソフトウェアなどがこの機能を有しています．

　ポリゴン化をすると，**ポリゴン減数処理**（Polygon reduction, Decimation）が使えるようになります．平面をたくさんの三角形で表現するのは無駄であるし，隣接する三角形の相対角度が 180 度に近ければ，1 つの面に統合してしまうことで，効果的にポリゴン数を減らせることになります．実際には，1/5 くらいまで減らしてしまっても，ほとんど問題ありません（寸法も形状も変わらない）．

ポリゴン数を減らすと，ファイルサイズが小さくなるだけでなく，表示も速くなり，処理が楽になります．

2.7.7 曲面モデル化

曲面モデル化（NURBS）に対応しているソフトウェアはいろいろあります．主に，CG系とCAD系に分かれます．CG系は見た目重視で操作が簡単．CAD系は操作が煩雑ですが，細かに設定ができ，精度を重視しています．CG系では，上記のGeomagic Studioなど，CAD系では上記のCopyCAD，(株)アイティーティー（http://www.ittc.co.jp/）のParaformなど，それから低価格のソフトではRhinoceros（http://www.rhino3d.co.jp/）がよく利用されます．

2.7.8 指標化

人体形状データを学術に，ないしは産業に活用しようとしたとき，多くの場合なんらかの個人間比較や統計処理が必要になります．ひとつの方法は，人体形状データから人体寸法を計算し，それを比較・統計処理することですが，これではなんのために形状データを計測したのかわかりません．次の方法は，角度，断面，投影面積など2次元的な形状特徴を**指標化**して，比較・統計処理する方法です．指標化というからには，形状データを観察して違いを見いだし，それをよく表すように定義するので，決まった指標化手法はありません．多くの方法は2次元の形状特徴です．

したがって，3次元人体形状から，特徴的な2次元形状を抽出するステップが必要です．多くの場合，断面形状か投影形状（シルエット）が使われます．断面形状とは，ウエスト断面やバスト断面，足であればボール部断面など，特徴点によって定義される断面形状です．ある特徴点を通る水平断面として定義したり，左右の特徴点を含み矢状面に垂直な断面として定義したり，あるいは3つの特徴点で面を定義することができます．CG系のソフトウェアでも断面切り出しはできますが，面の定義を正確に行えない場合が多いです．あくまでも見た目でそれらしいところで切断する機能しかないのです．

また，CG系のソフトウェアでは，切断したあとの断面データを座標データ（ベクター）として保存できないものが多いようです．筆者らは，Image Modelerというソフトウェア上のプラグインとして(株)アイティーティーが開発したツールを使っています．断面周囲長を等長分割し，分割点の座標値データを保存することができます．ほかにも，(株)メディックエンジニアリングの3D-Rugleというソフトウェアで自在に断面を切り出すことができます．断面データは画像データ（ラスター）や座標データ（ベクター）で保存できます．

　このようにして，断面を抽出したあと，断面形状特徴を指標化する方法をいくつか紹介しておきますので，参考にしてください．

（1）　角度

　肩の傾斜，背骨の屈曲，足の指の曲がりなどを表すのに，人体断面や投影面形状に補助線を引いて，角度を定義する方法です．補助線を引くには，2点を定義してしまったり，ある範囲を定義してその形状データ点に適合する直線を求めたりする方法が用いられます．この場合，補助線を定義するための点や範囲をいかに合理的に定義するかが鍵になります．

（2）　重心・慣性主軸

　慣性主軸とは，その軸まわりの断面2次モーメントが最小となる軸で，重心を通ります．直感的にわかりやすく表現すると，断面を厚紙で切って，これに細長い棒を貼り付けてぐるぐる回そうとしたとき，一番回しやすい棒の貼付け方向が，慣性主軸ということです．多くのCAD系ソフトウェアでは，断面座標データで形づくられる多角形の重心や慣性主軸を計算してくれます．

　また，汎用の2次元画像処理ソフトウェアを利用して，断面画像データから重心や慣性主軸を計算することもできます．たとえば，NIH image（Scion image, http://www.scioncorp.com/）は有名なフリーソフトウェアで，これらの特徴量計算ができます．

（3）　距離関数

　重心は断面固有の特徴ですから，重心位置から外周形状までの距離が図形特徴として利用できます．外周上の任意の点を始点 l_0 として，外周上の距離 l を媒

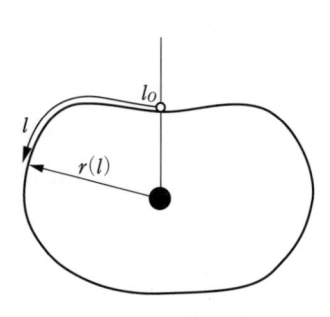

図 2.16 距離関数   図 2.17 偏角関数

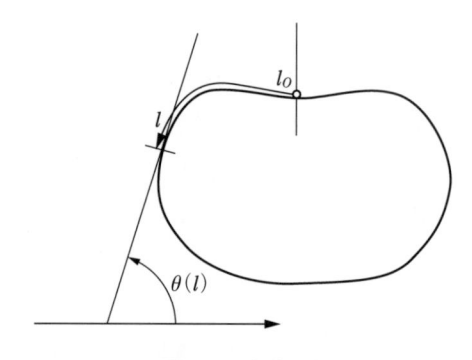

介変数として，外周上の点と重心との距離 r を l の関数で表現します（図 2.16）．必ず周期関数になります．また，始点を慣性主軸に取れば，断面間で幾何学的相同性（解剖学的な相同性ではない）を保つことができます．

（4） 偏角関数

断面形状がもつ特徴をスケールに依存せずに記述する方法として**偏角関数**（ベクトル角度法）があります．断面形状の外周に沿って媒介変数 l を定義し，外周上の任意の点を始点 l_0 として，外周上の点の接線と空間座標系の固定軸とのなす角度 θ を媒介変数 l の関数で表します（図 2.17）．

（5） フーリエ記述子

（3）や（4）は，必ず周期関数になりますから，それをフーリエ変換して，そのスペクトル（係数の多次元ベクトル）によって特徴を表すことができます．これを**フーリエ記述子**といいます．

（6） 細線化・骨格

断面の中心線を画像処理によって抽出する手法があります．これは，**2 値画像処理**（対象物が黒＝1，それ以外の部分が白＝0 の 2 値で表現された画像データに対する処理）として一般的なものです．**細線化**（thinning）は，画像周辺部から図形の連結性を保ちながら画素を消去していく方法です．**骨格**（skeleton）はこれとよく似通っていますが，すべての黒い画素について外周線からの距離を計算し，距離が極大となる画素のみを残す方法です．断面形状を画像データとして

(a) 足底面画像　　　(b) skeleton

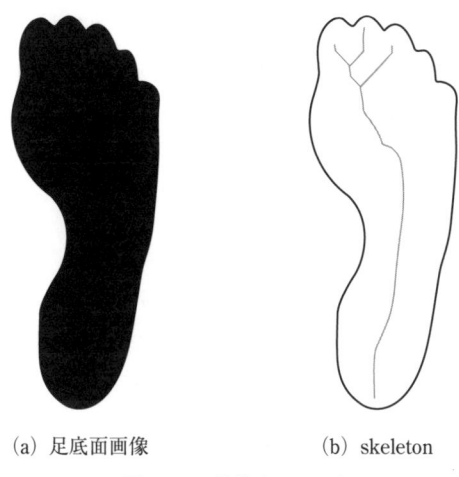

図 2.18　骨格 (skeleton)

保存し，先に紹介した NIH image (Scion image, http://www.scioncorp.com/) などを用いて計算することができます (図 2.18).

2.7.9　形状の重ね合わせ

　2つの人体形状 (異なる被験者のデータでも，同一被験者のデータでも) を両者ができるだけ一致するように**重ね合わせ** (registration) をしたいという場合があります．2.4節で述べた，異なるカメラから得られた形状データの欠片を**位置あわせ** (alignment) するのと技術的には似ています．2つの人体形状が，後述する相同モデリングで表現されているのであれば，重ね合わせはそれほどむずかしくありません．

　ここでは，2つの形状データのポリゴン数が異なっている場合に，両者を誤差最小で重ね合わせる技術を紹介します．きわめて簡単です．2つの形状が似通っていて，それなりに重なり合った初期姿勢にあるとして，移動対象形状のすべての頂点について，移動目標形状のもっとも近い頂点を探し出し，その距離の総和を最小にするように，移動対象形状の位置と姿勢を最適化します．位置と姿勢の修正と最近傍頂点 Iterative Closest Point (ICP) と呼ばれる技術です．頂点数

が増えるとこの計算は爆発してしまうため，計算を効率化する手段がいくつも提案されています．Geomagic Studio や Rapid Form には，ICP が組み込まれています．処理時間さえ気にしなければ，自分でソフトウェアを書いてもたいしてむずかしくはありません．

2.7.10 相同人体形状モデリング

解剖学的特徴点は被験者間で対応があり点数も同一ですが，表面形状データ点にはなんの対応づけもありません．とはいえ，解剖学的特徴点だけで比較するには特徴点の数が少なく，形状の情報を十分に反映していません．そこで，解剖学的特徴点を手がかりに，表面形状データに個人間の対応をつけることになります．同一点数・同一位相幾何構造で解剖学的な対応のついた形状データを，筆者らは**相同人体形状モデル**（Homologous Human Body Shape model）と呼んでいます．

大きく2つの表現形式があります．第一はポリゴン表現で，第二は数学曲面表現です．それぞれ一長一短がありますが，PC のメモリが潤沢になり，Graphic Processing Unit（GPU）がポリゴン表現に特化するようになったことから，ポリゴン表現を利用した研究が増えています．解剖学的特徴点から，主要解剖学断面を切り出し，断面上に新たな形状データ点をとることで対応づけを行う方法があります（図2.19）．筆者らは主としてこの方策で，足や胴体，顔の相同モデリングを行ってきました[8]．ただ，この方策は対応づけできる点数に限界があり（数百点程度），また，部位ごとに専用ソフトウェアを開発しなければならず，効率的ではありませんでした．

これに対して，細分割曲面を用いた相同モデリング法が提案されています[9]．**細分割曲面**（subdivision surface）とは，1970年代に考案された方法で，折れ線を無限に分割していくとなめらかな曲線（のような精密な折れ線）が生成されるというものです．実は，無限に分割すると2次のBスプライン曲線に収束することが証明されています．これを3次元ポリゴンに拡張し，さらに分割したポリゴン頂点が実測点群に近づくようにすることで，実測点群にフィットした精密

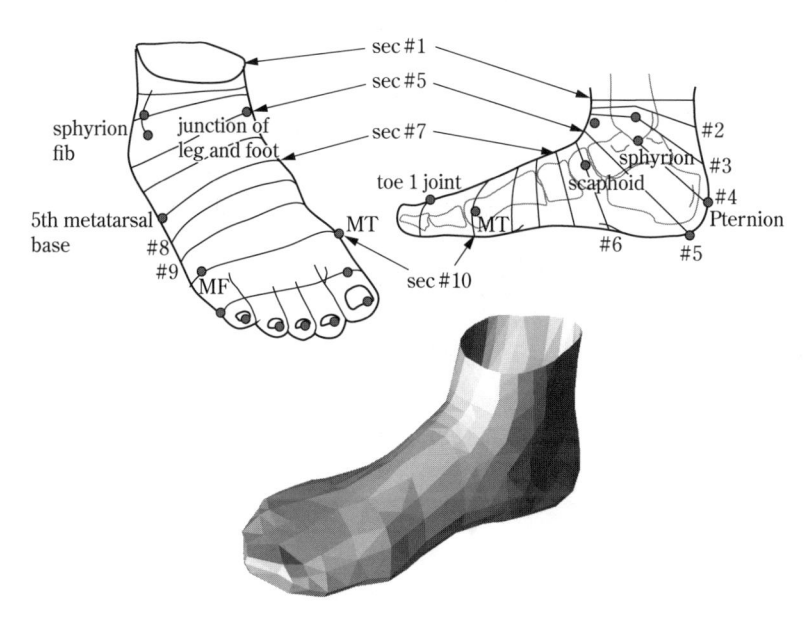

図 2.19　足の相同モデリングの例

ポリゴンモデルを得ることができます．

　このとき分割を始める最初のポリゴン（数百点程度でよい）を**標準人体モデル**（generic human model）として構成しておき，その頂点に解剖学的特徴点との対応をつけておきます．標準人体モデルの対応づけられた頂点が実測した解剖学的特徴点に一致し，かつ標準人体モデルを細分割してできる新しい頂点と実測点群の距離が小さくなり，さらに細分割された新しい頂点にできるだけ粗密が生まれないように，標準人体モデルを変形します．1つの標準人体モデルを，さまざまな被験者の実測点群データに向けて細分割することで，同位相で，同点数で，解剖学的特徴点の対応がついた精密な人体形状ポリゴンモデルが構成できることになります[10]（図 2.20）．筆者らはこの技術を拡張し，汎用の人体相同モデリングソフトウェア HBM（Homologous Body Modeling）として有償提供しています（(有)デジタルヒューマンテクノロジー販売）．

　異なる個人の人体形状について相同モデルが構成できれば，個人差の定量的比

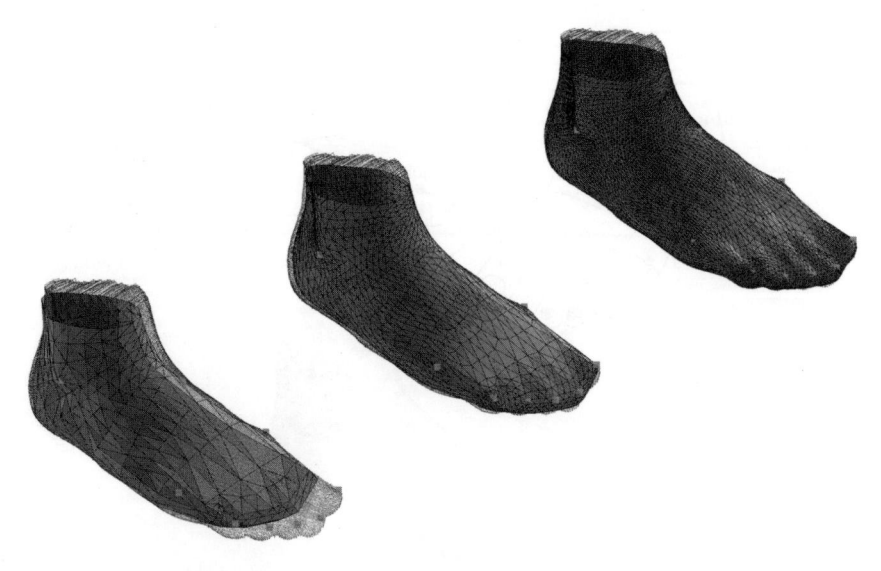

(a) 標準人体モデル　　　　(b) 4倍細分割　　　　(c) 16倍細分割

図 2.20　細分割曲面を用いた精密な相同モデリング

較はきわめて容易になります．たとえば，対応点間のユークリッド距離の総和によって2体の相同モデル間の形状距離を定義できます．多くの人体形状について総当たり式に距離を計算し，距離行列を構成すれば，多次元尺度法を用いて人体形状の分布図を得ることができます（図2.21）．分布図の中心に位置する平均形状だけでなく，分布図上の中心付近に存在する仮想形状を重み付きの平均によって内挿合成できます．内挿された仮想形状が分布図に沿ってどのように変形するのかを，Free Form Deformation 法の変形格子移動量として定式化すると，分布図周辺の仮想形状を外挿することも可能になるのです[11]．これらの統計処理機能は，筆者らが開発した Darcii-T, Human Body Statistica というソフトウェア（(有)デジタルヒューマンテクノロジー販売）にまとめられています．

　一方，相同モデルの座標をそのまま主成分分析し，各主成分を構成する固有値形状をもとに，分布図上の任意の形状を合成する方法もあります[12]（図2.22）．顔の2次元形状モデルに対して提案された方法ですが，相同3次元ポリゴンにも

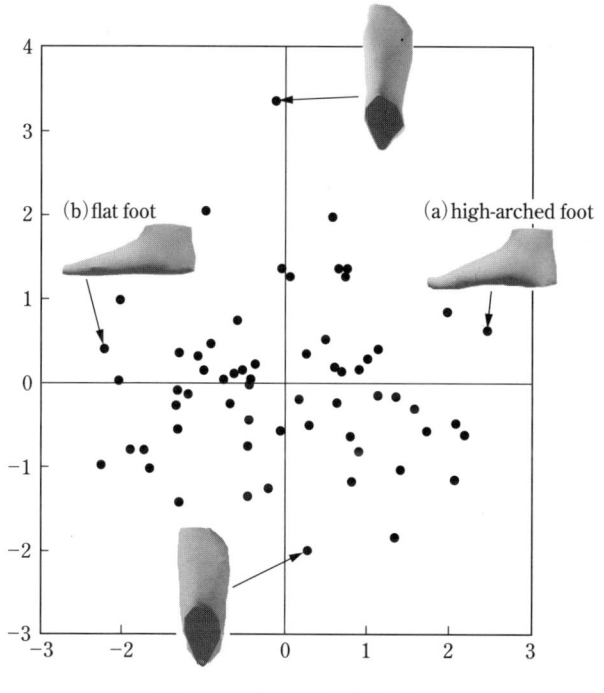

図 2.21　人体形状の分布図

容易に適用できます．筆者らが開発した前出の方法[11]よりも，仮想形状の合成計算コストが低いのが特徴です．ただし，対象のばらつきを説明するのに多次元尺度法よりも多くの次元数を要する（たとえば顔のばらつきの 90% を説明するのに多次元尺度法では 4 次元，主成分分析では 20 次元程度必要）ことが多く，後述する類型化の目的には多次元尺度法のほうが有効でしょう[13]．

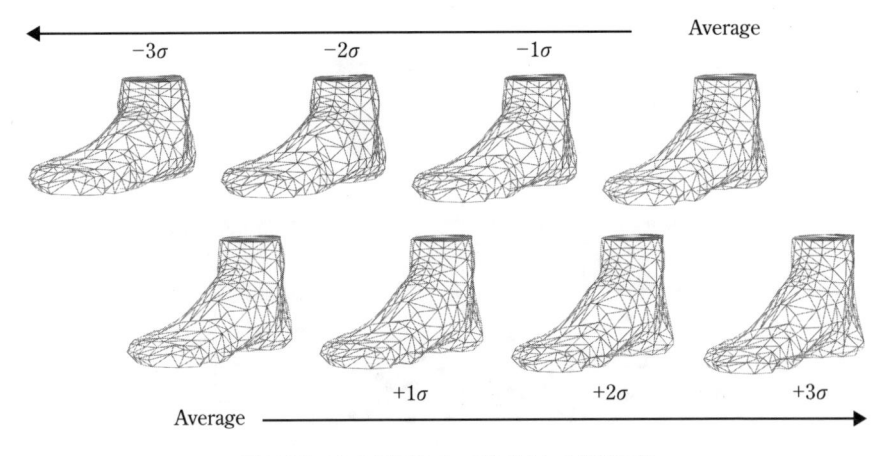

図 2.22　主成分に基づいて合成された仮想形状

2.8　応用事例

　人体形状データを相同モデル化し，かたちの個人差を知り，それに基づいて消費者の個人差を効率よくカバーするまったく新しい製品サイズ分類を行った事例を紹介しましょう．

　日本人男性の3次元顔形状の個人差に対応したメガネフレームの開発です[14,15]．メガネと関連する顔の部分形状を3次元計測し，それを解剖学的特徴点に基づいて相同モデル化しました（図2.23）．56名の日本人男性の顔相同モデルから，図2.24のような日本人男性の顔形状分布図が得られました．図の第1軸はもっとも大きな個人差を表す特徴軸で，前後に長く大きい顔と前後に短く小さい顔を対比するような軸になっています．第2軸はこれと直交し，二番目に大きな個人差を表す特徴軸で，顔の幅と傾斜を表す軸でした．共同開発したメガネフレームメーカと相談のうえ，この分布図を4つのグループ（図2.24中のA，B，C，D）に分割し，それぞれのグループを代表するグループの平均形状を計算しました．この平均形状データをメガネフレームCADに読み込み，そこで人体形状に沿うようなフレームデザインを行いました．

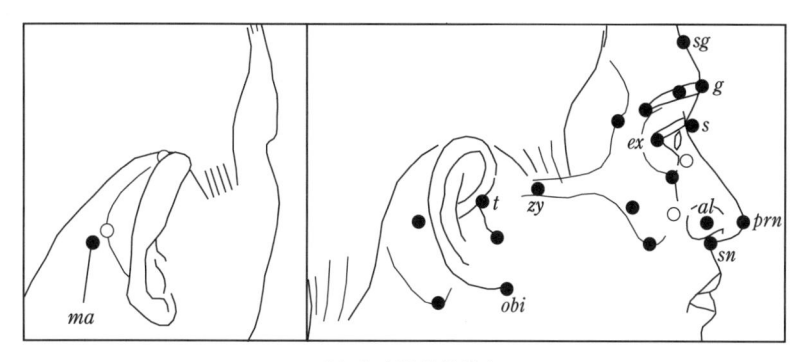

(a) 解剖学的特徴点

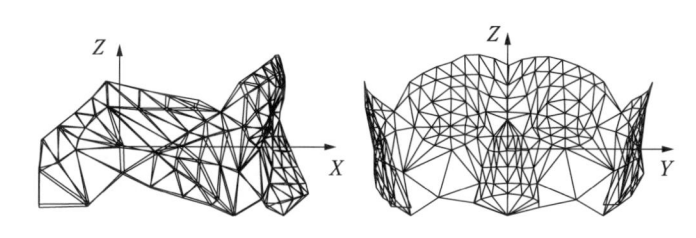

(b) 相同モデル

図 2.23 顔の解剖学的特徴点と相同モデル

　試作したフレームを別の被験者 38 名について官能検査による適合試験を行った結果，各個人の顔形状に適合する新型フレームがほかのフレームよりもフィット感がよく（$p<0.01$），圧迫感が少ない（$p<0.01$）ことが示されました．同時に実施した物理計測の結果からも，各個人の顔形状に適合する新型フレームは圧迫力が小さくずれない設計であることが確かめられました．この試作フレームは，その後，さまざまなスタイルバリエーションで製品化されています．筆者らはこのほかにも，ガスマスク，補装具，婦人用スラックスの効果的なサイズ分類と新しいパターン設計に人体 3 次元形状データを活用しています．

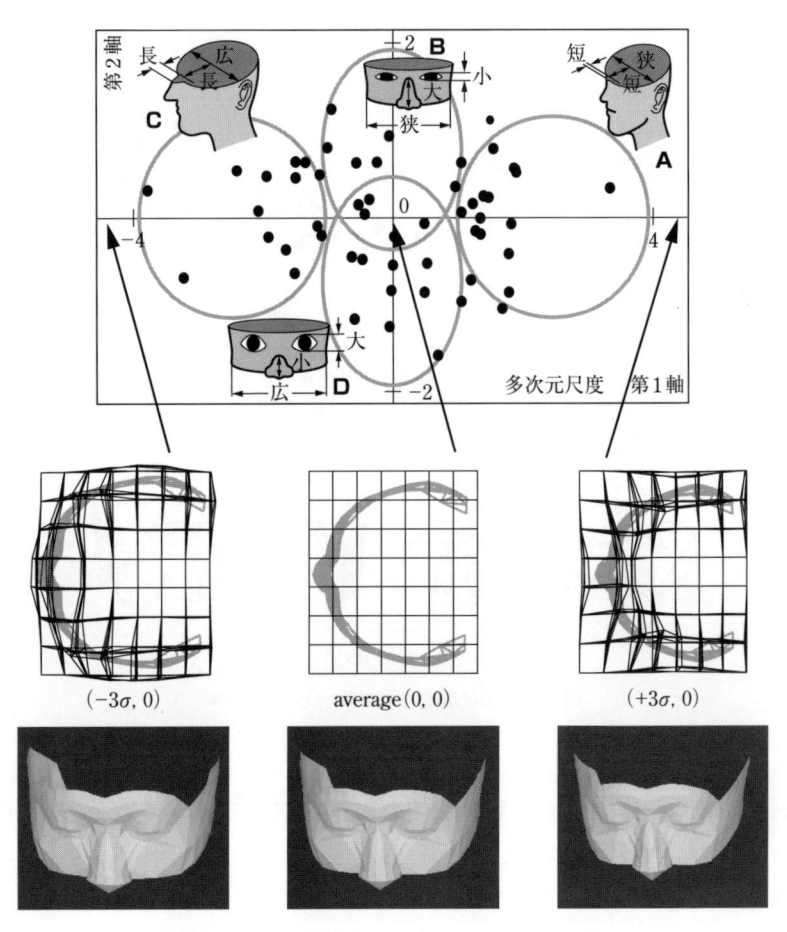

図 2.24 日本人男性の顔形状分布図とグループ化

第3章
運動計測

3.1 運動計測とは

　運動計測とは，人間のからだの動きを時間軸上の座標データ（→座標データの経時変化）として定量的に記録することです．最近は**モーションキャプチャ**（Motion Capture）という表現も定着し，さらに縮めた**モーキャプ**（MoCap）という単語も普通に使われるようになってきました．

　さて，ここで人間のからだの動きとは具体的に何を指しているのかを考えなければなりません．人間のからだの骨は運動に伴って相対的に動いています．細かいことをいえば，骨自身も変形しています．さらに，骨を動かすために筋力が働いて，そのために皮膚表面が変形します．もちろん，骨の相対的な動きや重力，加速度の影響でも皮膚は変形します．これらのすべての動きを数値データとして直接計測する技術はいまのところありません．現在の技術で可能な運動計測とは，人間のからだを，変形しない固まり（剛体節）が関節でつながれているロボットのように見立て，その剛体節の動きを記録することに相当します．骨の変形や体表面の変形は考慮せず，骨の相対的な動きに近い情報を得るということです．このように，人間のからだをロボットのように見立てることを，**剛体リンクモデル化**といいます（図3.1）．

　人体を剛体リンクモデルに見立てるには，①体節を分割し，②関節機構と自由度を決めなければなりません．**体節の分割**とは，どこが固くて変形しない個所でどこが関節であるかを決定し，からだを剛体節に分けるということです．**関節機**

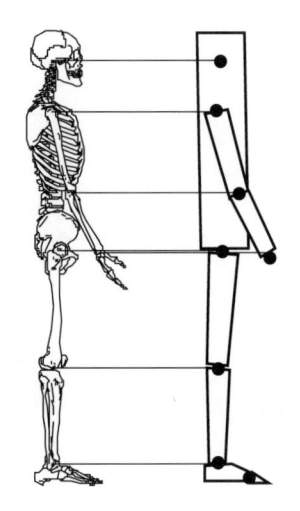

図 3.1　人体の剛体リンクモデル化

構とは関節の部分の構造モデルで，**ピンジョイント**（関節中心が並進移動しないで回転だけするような関節機構）なのか，関節のすべりや並進を考慮するのかを決めるということです．このとき，関節の自由度も決めます．屈曲伸展の 1 自由度なのか，内外転も考慮するのか，回旋まで考えるのか，さらに並進まで考えるのかというようなことです．

　いずれにしても，自分の問題を解決するのに十分な，できるだけ単純なモデルにするべきであり，むやみと体節を細かく分割したり関節の自由度を大きくするのは得策ではありません．そして，剛体リンクモデルに見立てられた関節位置の時系列座標データや剛体節の 6 自由度の時系列データを記録するのが，運動計測ということになります．

3.2　運動計測法

　運動計測のための装置やシステムは，**人体運動計測システム**や**モーションキャプチャシステム**と呼ばれ，さまざまな種類のものが市販されています．運動計測

システムは計測原理に依存する共通の性能特徴をもっているので，まずはこれらの原理を簡単に紹介し，一般的な特徴を述べます．

3.2.1 電子光学式標点計測法

もっとも一般的で，バイオメカニクス分野で広く利用されている方法です．人体の関節位置などにマーカを貼り，そのマーカの3次元位置をカメラで計測する方法です（図3.2）．**電子光学式標点計測法**（Opto-electronic Stereo-photogrammetric System）に共通の弱点は，第一に**遮蔽**（occlusion）に弱いことです．カメラを使う場合，マーカとカメラの間に遮蔽物が入るとマーカが見えなくなり，いくつものカメラで同時に遮蔽が起きると，その時刻のデータは欠落します．自動車のモックアップの中で動作する場合などは，多数台のカメラをうまく配置しないと計測できません．

また，場合によっては人体そのものがほかの部位に付けてあるマーカを隠すこともあります．カメラ台数を増やす，設置を工夫する，あるいは遮蔽物の手前に

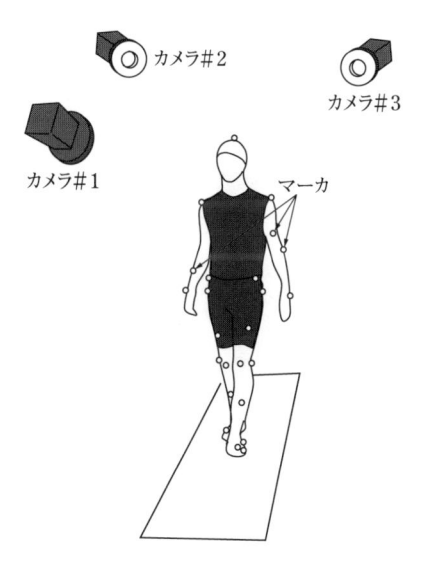

図 3.2　電子光学式標点計測

設置できる小型カメラを使うなどである程度解決できますが，限界があります．遮蔽物をできるだけ減らす工夫も必要になります．自動車モックアップ計測では，実車そのままではなく運転者の頭上の遮蔽（自動車のルーフ）を取り除いて頭上カメラを設置するなどの工夫が必要です．

　第二の弱点は計測空間が視野内に限定されることです．あたりまえの話ですが，カメラから見える範囲しか計測できません．このため，大きな移動を伴う場合，たとえば体操の床運動やスケート動作などの計測は困難です．これもカメラの台数を増やしたり，カメラにパン・ズーム機能をもたせることである程度は解決できます．

　利点としては，一般的に精度が高いこと，人体に取り付けるもの（マーカ）が小さく軽いことが挙げられます．

　複数台のカメラで同時に同一のマーカを異なる方向から撮影することで得られた2つ以上のマーカの2次元座標から，マーカの3次元位置を計算します．このために，複数台のカメラの位置や光学歪などをあらかじめ知っておく必要があります．これを**校正**（Camera Calibration）と呼びます．カメラになんらかの既知のスケールを見せ，そのカメラ撮像面内での2次元座標を得ることで，カメラの光学系に依存する内部パラメータとカメラの位置と配置に依存する外部パラメータ（6自由度）を精度よく取得することで校正します．この技術は，**写真測量学**（Photogrammetry）の分野から始まり[1,2]，バイオメカニクスの研究者[3-5]とコンピュータビジョンの研究者[6]が競って改良を進めてきました．

　大きく2つの方法があります．ひとつは3次元の校正ゲージ（檻状のものや箱状のものなど）を計測空間に固定し，それを撮影してゲージの3次元座標と撮像面内の2次元座標の対応から内部パラメータと外部パラメータを求める方法です．写真測量学で最初に提案されたDirect Linear Transformation（DLT）法がこの基盤で，これを改良した方法が数多く提案されています[1~4]．もうひとつは，2つ以上のマーカを取り付けた剛体を計測空間内で移動させ，マーカ間の距離がどの場所でも一定になるように内部パラメータと外部パラメータを最適化する方法です．Dapenaら[5]によって提案され，さまざまに改良されてきました．

前者の3次元の校正ゲージは精度を上げるためにゲージの加工精度と剛性を上げる必要があり，また大きな計測空間を校正するためには大きなゲージを用意しなければならず，価格と専有面積の面で不利でした．これに対して，後者のマーカを付けた剛体を動かして構成する方法は，ゲージそのものを小型軽量にでき，比較的広く不定型な空間を校正できることから，市販製品では後者の校正方法を採用するものが増えています．これらの理論的背景については，Gait and Posture 誌に掲載された Cappozzo らの解説記事が参考になります[7]．

　計測精度は，理論的にはカメラの画素分解能とカメラの光軸間角度で決まるのですが，実際にはその理論精度よりも優れた性能をもつシステムが多いです[8]．これは，輝度情報やマーカの形状情報を使うことで画素を補間し（**サブピクセル処理**という），精度を向上しているからです．計測周波数も高く，最近ではリアルタイムでマーカの3次元座標を計算し，それぞれのマーカがどの関節に取り付けられたものであるかを認識して，コンピュータの画面に表示できるシステムもあります．システムが高額であること，カメラを使うため計測対象空間よりもさらに大きな空間を必要とすること，カメラから隠れる部位の計測ができないことの3点に関する課題はあるものの，総合的にもっとも優れた運動計測法でしょう．マーカの貼り方を工夫すれば，体節の6自由度を計測することもできます．

　市販システムの多くは，反射式のマーカを使用します．マーカを自動的に追跡して3次元位置を計算するソフトウェア，個々のマーカがどの関節に付けられたものかを自動認識するソフトウェアを備えるシステムが多いようです．最新の高性能システムでは，マーカの2次元座標抽出処理などをすべてカメラ側でデジタル処理するものもあり，処理結果のみをホストPCに転送しています．これにより，従来の NTSC ビデオカメラ（0.3 M ピクセル＝640×480，インターレース）よりも高い解像度のデジタルビデオカメラ（4 M ピクセル＝2000×2000，プログレッシブ）を使えるようになりました．高解像度であるため，3 m×3 m×3 m の立体空間で直径2 mm 程度のマーカが認識できるようになっています．

　最近は，有線式の時分割発光マーカを用いるシステムが出てきました．これは，反射マーカ方式が主流になる前に使われていた方式なのですが，当時よりも

撮像素子や画像処理が進んだため，より優れたシステムになっています．12 M ピクセルの解像度と 480 Hz の時間分解能をもち，3 m×3 m×3 m の立体空間で 0.5 mm 以下の位置精度を出す製品もあります．マーカが時分割発光するため，マーカの認識が確実です．識別処理が不要であるためリアルタイム性能も高くなっています．多くのマーカを狭い範囲に貼り付けるような対象，たとえば手の運動計測などには便利です．

参考までに，反射マーカ式の光学式運動計測システムには，Vicon Motion Systems, Motion Analysis Corp., BTS, Ariel Dynamics, Inc, (株)ディケイエイチ, Qualisys Medical AB などの製品があります．時分割発光式のものには，PhoeniX Technologies Inc., PhaseSpace Inc. などの製品があります．

3.2.2 磁気センサ

カメラを使わない運動計測システムもあります．その代表格が**磁気センサ**による計測法です．カメラを使わない方法に共通する特徴は，遮蔽の影響を受けにくいということです．磁気センサ方式は計測空間に傾斜した静磁場を発生させ，その静磁場中に置かれたセンサユニットの位置と姿勢の 6 自由度を計測するものです（図 3.3）．1 つのセンサで 6 自由度の計測ができる点が特徴で，演算処理をほ

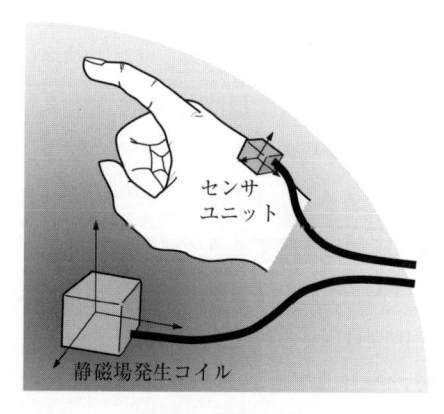

図 3.3 磁気センサ

とんど必要としないためリアルタイム性能にも優れています．光学式の計測システムに比べると装置も低価格で，カメラの隠れの問題もありません．同時に計測できるセンサの数は16～32個程度ですが，1つのセンサで6自由度計測できる（マーカで6自由度計測するためには最低3個のマーカが必要）ことを考えると，マーカ数で48～96個程度に相当します．1人の被験者の全身運動を計測するのであれば，まず十分でしょう．

ただし，標点計測のように関節位置に直接センサを付ける使い方は一般的ではありません．節の中心付近にセンサを付け，節の6自由度を計測して関節位置を計算によって求めます．人体計測用にシステム化された装置であれば，関節中心位置を計算するソフトウェアなどが付属しています．磁気センサ方式の最大の問題は，計測対象空間の磁性体や誘電体の影響を受けやすいことです．建物床下の鉄筋によって精度が大きく劣化することもあります．筆者らが使用したときには，DIYショップで木製の足つきすのこを買ってきて床上げをし，その上で計測しました．天井と床に鉄筋が入っているため，両者からもっとも遠い空間で計測をしたのです．可能であれば，購入前に一度借り出して，実際の実験室で精度検証してみるほうがよいでしょう．そもそも，実験の目的から計測空間内に金属が多い場合（自動車のモックアップ内での動作計測など）には，あまり適切な計測方法とはいえません．製品としては，Polhemus Inc., Ascension Technology Corp. などのものがあります．

3.2.3　超音波センサ

超音波でも位置を計測することができます．音の伝搬速度がわかっているので，超音波発信器が音を出してから受信器が受信するまでの時間を計測することで，距離を知ることができます．受信器を3個所に設定し，同一発信器からの距離を同時計測すれば，発信器の3次元位置が特定できることになります．この発信器を，1つの剛体に3つ取り付ければ剛体の姿勢も計測できます（図3.4）．カメラよりは遮蔽物に強いのですが，磁気センサほど強靭でもありません．ただ，**超音波センサ**はデバイス価格が安いことから，受信器を数多く配置することで遮

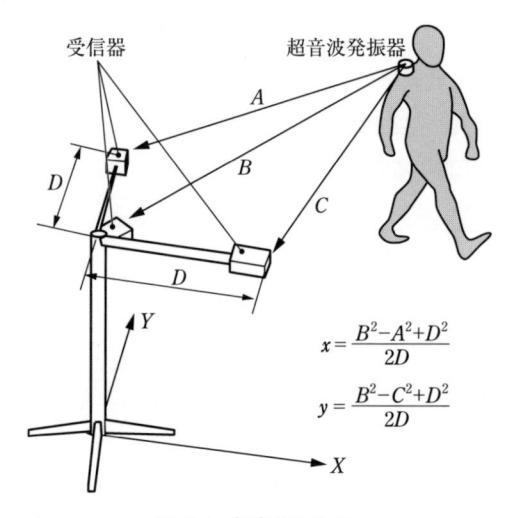

図3.4 超音波センサ

$$x = \frac{B^2 - A^2 + D^2}{2D}$$

$$y = \frac{B^2 - C^2 + D^2}{2D}$$

蔽の影響を低減できます．超音波は遮蔽物や壁面，人体で反射され，それが音波の飛行時間に影響し，そのまま誤差につながります．しかし，反射による影響は極端な誤差として表れることから，**エラーデータ除去技術**（たとえば，RANSAC：RANdom SAmple Consensus Algorithm[9] など）で比較的容易に除去できます．市販システムの多くはこのような誤差処理を内蔵しています．

　超音波システムの利点のひとつは無線計測が可能になるという点です．超音波発信に必要な電力はさほど大きくないので，電池で駆動できます．位置データ取得は人体に取り付ける発信器ではなく受信器側で行っているので，センサは無線化できます（この場合，発信のタイミング制御にはラジオ周波数 RF などを使います）[10]．

　磁気センサや後述するジャイロセンサなどが人体に有線デバイスを付けるのに対して，無線の小型発信器だけで済ませることができるのは有利です．超音波だけでは十分な精度が得られない場合も多く，後述するジャイロセンサや加速度計と併用して姿勢を検出するシステムもあります．製品としては，InterSense Inc. や，古河機械金属(株)のものがあります．

3.2.4 ジャイロセンサ・加速度計・地磁気センサ

ジャイロセンサは，カメラの手ぶれ防止などに使われているものです．四角柱状の振動子に圧電素子を取り付け，1方向に振動させたとき，この振動子に角速度が加わると，それが別の方向の振動として表れます．それを圧電素子で検出する仕組みです（図3.5）．角速度を検出しますから，これを積分して角度変化を得ることができます．ただし，急に大きな角速度がかかると計測範囲外になり，それが積分誤差になって角度がずれます．これを**ドリフト**と呼びます．

人間の動きは全般にはゆっくりしたものですが，ときとして非常に速く動くときがあります．通常のゆっくりした動きに対して感度を上げようとすると，速い動きに追従できないことになります．

そこで，この角度ずれ（ドリフト）を補償するために加速度計を取り付けています．実際には，加速度を積分しているのではなく，重力方向の絶対的な方向を検出して角度を補正しています．そのため，水平面内の角度だけは，ドリフトが解決できないことがあります．センサが小型で応答性がよいことから，リアルタイムシステムに組み込まれたヒューマンインタフェースデバイスとしてしばしば

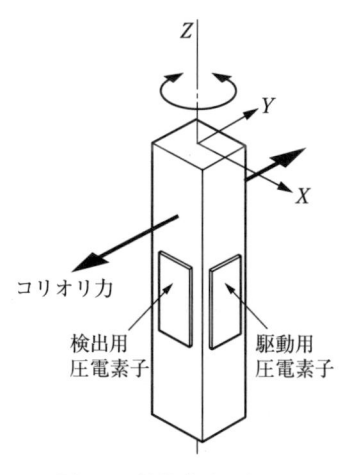

図3.5 振動式ジャイロセンサ

利用されています.たとえば,ヘッドマウンドディスプレイに取り付けて,頭部の姿勢と視線方向を検知し,それに応じた画面を見せる VR (Virtual Reality) や MR (Mixed Reality) システムなどです.InterSense Inc. や日本航空電子工業(株)の製品などがあります.

ジャイロセンサシステムの欠点は,単体では空間位置情報が得られないことにあります.角速度を検出しているので,センサが並進移動してもその移動量が検出できないのです.そこで,加速度計で検出した加速度を2回積分して変位を出し,絶対的な水平面内姿勢を地磁気センサから取得するようなシステムも市販されています.もちろん,電子光学式標点計測法に比べると精度は落ちますが,カメラの視野や磁場・超音波のエネルギ空間に制約されることなく運動が計測できる点は有利です.日常生活行動の長時間記録[11]などに利用されています.InterSense Inc., Xsense Motion Technologies の製品などがあります.

3.2.5 関節角度計

人体関節角度の時間変化を検出するのに回転式の可変抵抗器を用いる方法は 1960 年代に提案され,その簡便さから現在でも利用されています.原理的には回転式の可変抵抗をエグゾスケルトン(外骨格)機構で関節に取り付けて関節角度を検出します(図 3.6)[12].まさしく全身エグゾスケルトン型の関節角度計測装置も市販されています.歪ゲージや光ファイバを用いて屈曲角度を測るフレキシブル角度センサを用いて,装着負荷を低減しているものもあります[13].

いずれも関節角度を直接計測するため計算処理がほとんどなく,リアルタイム性能は高いです.ただし,多自由度関節の各軸まわりの関節角度を検出するのはなかなかむずかしいこと,ジャイロセンサシステムと同様に角度計単体では並進移動量を検出できないことが欠点といえます.ジャイロシステムと同様の解決策で,加速度計や地磁気センサを併用したシステムもあります.こちらも,カメラの視野や磁場・超音波のエネルギ空間に制約されることなく運動が計測できます.市販製品としては,Animazoo 社の全身型計測システムや,Biometrics Ltd. のフレキシブルゴニオメータなどがあります.

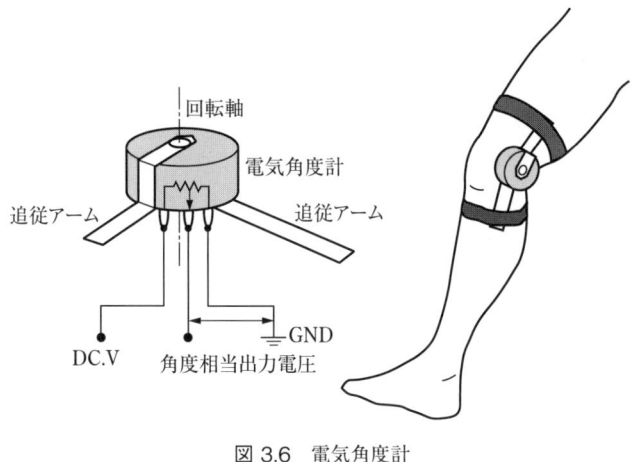

図 3.6　電気角度計

3.2.6　計測原理による一般的な特徴

運動計測法を計測原理で分類し，原理に由来する一般的特徴を述べてきました．これらをまとめると表 3.1 のようになります．◎がもっとも優れ，以下，○△の順です．筆者の主観的順位づけであり，また，個々のシステムレベルではさまざまな技術で欠点を克服していますから，これがすべてに当てはまるというわけではありません．概要として把握していただければよかろうと思います．どこに着目し，どういう点を比較して具体的なシステムを選べばよいかについては，

表 3.1　運動計測システムの特徴

計測原理	計測範囲	精度	周波数	遮蔽	身体への干渉
標点計測：反射マーカ	△	◎	◎	△	◎
標点計測：時分割発光マーカ	△	◎	◎	△	○
磁気センサ	△	○	○	◎	○
超音波センサ	○	△	△	○	○
ジャイロセンサ	◎	△	○	◎	○
電気角度計	◎	○	◎	◎	△

次節で述べます．

3.3 計測機の選び方

さて運動計測を始めようとしたとき，計測原理も多様で，またそれぞれの原理についてもいろいろな特徴をもったシステムが市販されていることに気づかれるでしょう．本書では個別のシステムの性能比較はしませんが，どのような性能に留意して選定をするのがよいかというガイドラインを提案しようと思います．

まず，大きく2つの性能があります．ひとつは計測装置としての基本性能です．精度や計測周波数などです．もうひとつはシステム運用に関わる実用性能です．使い勝手というべきものかもしれません．前者はカタログ仕様を見ればある程度見当がつきますが，後者はなかなかわかりにくいものです．ここでは，なにに気をつけて，どこから情報を得るのがよいかなどノウハウに近いものを述べたいと思います．

3.3.1 基本性能

運動計測システムは，人体の関節位置・関節角度の時空間情報を取得するシステムですから，基本性能は時間と空間に関わるものになります．空間性能としては，計測範囲と計測精度の2点，時間性能としては計測周波数（時間分解能），リアルタイム処理性能，外部同期の3点です．

（1）計測範囲

計測範囲はシステムのカタログ仕様以上に大きくなることはありませんが，ユーザの実験環境によってはカタログ仕様よりも小さくなることはあり得ます．どの程度の広さの空間を計測できるか，その空間内に遮蔽物がある場合はそれを避けて計測が可能であるかどうか，できるだけユーザ自身の実験環境で確認しましょう．天井高が低かったり，いろいろな事情で天井にカメラを取り付けられないような場合は，三脚を使ってカメラを設置することになります．そうすると，実験室の中で真に計測できるエリアは意外に小さいものになります．6m×6mの

部屋で8台くらいのカメラを三脚で設置した場合，中央部でやっと人間1人分の全身運動計測空間が確保できるという具合です．

磁気センサシステムでも磁場を発生するソースコイルの有効範囲が定められているので，それを計測空間の中央に置く工夫が必要になります．カメラシステムでの遮蔽の問題はさらに厄介です．ユーザの実験に必要なモックアップなどの装置環境に強く依存するからです．遮蔽物が多い場合には，できるだけカメラを多く用意されることをお薦めします．筆者の経験では，カメラ台数が10台を越えると遮蔽物があってもかなりよく計測できるようになります．

（2） 計測精度

計測精度は形状計測の章でも述べたとおり，**ばらつき**（precision）と**真度**（trueness）によって構成されます．ばらつきが小さければ精密で，ずれが小さければ正確であるということになります．形状計測と同じで，運動計測の精度も機械としての計測精度と人間計測の精度とに分けて考える必要があります．後者は真値が得られないので，精度の検証が困難です．それゆえ，運動計測の精度は前者について論じられることが多いようです．運動計測装置も形状計測装置と同様で，計測精度検証方法に関する国際標準がありません．したがって，製品仕様書に掲載されている「計測精度」は各社で定義もさまざまで，その検証方法も違っています．単純に仕様書を比較できないのです．

もうひとつのむずかしさは，計測精度がシステムの構成や設置の仕方で大きく変わってしまう点にあります．計測範囲やカメラの台数，その設置の仕方で計測精度は変わります．すなわち，たとえ検定方法が標準化され，比較可能な性能評価仕様書に掲載されていたとしても，それがそのままユーザの実験環境での精度であるとはいいきれないのです．理想的には，運動計測装置メーカ側が納品時に実施しユーザに受理してもらうための**信頼性の高い検証方法**（validation protocol）と，ユーザ自身が日常的にチェックできる**簡便な確認方法**（certification protocol）とが用意されるべきでしょう．

いずれにしても，システムを選定する段階ではユーザレベルの精度確認についてはどうすることもできないので，なんらかの共通的な方法で検証した結果を参

考に比較するしかありません．これには，臨床歩行分析研究会で公開している性能比較データを参照するのがよいと思います．リジッドな棒（約 1 000 mm，グラスファイバーなど熱膨張係数の小さい素材が望ましい）の両端に 900 mm 程度の間隔でけがき線を入れます．このけがき線の間隔をより正確な長さ計測機で計測（値付け）しておきます．これが真値となります．けがき線に合わせてマーカを貼りつけ，その棒を持って計測空間内を歩行したときの 2 つのマーカ位置を計測します．60～100 Hz で約 3 秒分，すなわち約 300 サンプルのデータを記録したあと，すべてのサンプルについてマーカ間の距離を計算し，そのばらつきと真度を調べます．

臨床歩行分析研究会の検証方法の詳細については文献 8)か Web サイト (http://www.ne.jp/asahi/gait/analysis/) を参照してください．この検証方法を用いて実際に多数の市販システムの精度検証を実施し，結果を公開しています．メーカごとに出している仕様書と違って，公開された方法論で同一の条件下で検証した結果ですから，比較が可能です．このほかにも同様の精度検証方法がいくつか提案[14]されており，また，それらを総括した解説論文が Gait and Posture 誌に掲載[15]されていますので，参考にしてください．

（3） 計測周波数（時間分解能）

厳密なことをいえば，メーカが仕様書で提示している**計測周波数**（100 Hz なら 1 秒間に 100 回の計測を行う．その逆数がサンプリング時間）の時間間隔がどの程度正しいのか，時間標準と照合して検証する必要があります．ただ，空間的な精度と比べると時間的な精度はあまり議論されていません．それは時間分解能を決定しているハードウェアの原理上（ほとんどのシステムでは高周波数の水晶発振器を利用している），ずれはほとんどあり得ないからです．

たとえば，公称 100 Hz のシステムを買ってきて使ってみたら，1 秒間に 99 個のデータしか記録できなかったということはまず起こりません．したがって，計測周波数に関しては市販システムのカタログ仕様をそのまま比較して検討してよいということです．

ただし，1 点だけ留意すべき点があります．それは，サンプリングの同時性で

す．たとえば反射式マーカの場合，すべてのマーカはカメラからのフラッシュと同時に反射光を返すためマーカの発光時刻は同一です．それをカメラ側でシャッターを切って撮像するのですから，すべてのマーカ位置はまさしくシャッター速度（サンプリング時間よりも短い時間）の精度で「同一時刻」のデータを記録していることになります．

これに対して，時分割発光型のシステムは，クリスマスツリーの電飾のようにマーカを順番に発光させるので，サンプリング時間が 1/100 秒の場合，1 番目のマーカが光った時刻と最後のマーカが光った時刻では最大で 1/100 秒弱の時間差があり得ます．場合によっては，最後のマーカが光った時刻は次のフレームの最初のマーカが発光する時刻のほうに近いということもあり得ます．

磁気センサや超音波センサなど複数のセンサを利用する場合にも，同じようなことが起こり得ます．これらはシステム依存の部分も大きく，一般的なことは申し上げられません．同時性が問題になるような応用事例を考えている場合には，このあたりのことをしっかりと確認したほうがよいでしょう．

（4） リアルタイム特性

最近の運動計測システムには**リアルタイム計測**を仕様として掲げているものがいくつかあります[16]．「リアルタイム計測」とは「計測中のデータが PC の画面に表示され，計測している現象とともに動くこと」と理解している方が多いかもしれません．間違っているわけではありませんが，リアルタイムの定義として正確ではありません．本来，リアルタイム性能とはシステムが外部イベントに対して決められた時間内に応答する能力を指します．決められた時間内に応答することを保証している場合，これを**ハードリアルタイム**と呼びます．親システムが一定の周波数でタスク処理をしているときは，ハードリアルタイムでないと動作しません．

一方で，外部イベントが起きてから応答するまでの時間が多少遅れても許容できる場合もあります．**ソフトリアルタイム**と呼びます．「計測中にデータを PC 画面表示する」という例では，PC 画面に 1 フレーム分の表示が終わったとき，PC が計測システムに対して「いまのデータを送れ」というイベントを出しま

す．厳密には「このデータ要求イベントの直前のデータを，データ要求イベント時刻から1 ms以内に送れ」というような要求をします．計測システムがこのPCからの外部イベントに対して，決められた応答時間内（1 ms）にデータを送り返せればハードリアルタイムということになります．

　しかし，画面表示ならそこまで厳密なことは要求されません．きちんと計測できているかどうかをモニタしているだけなのですから，応答時間に間に合わなくても，コマ落ちするくらいで致命的な動作不良にはなりません．したがって，このような目的に利用するのであればソフトリアルタイムでも十分だといえます．逆に，マーカの位置データをもとに制御をするような場合では，より短い時間でのハードリアルタイムを要求するシステム構成もあるでしょう．ユーザの用途次第です．

　リアルタイム性能は，計測原理によって決まるというものではありません．ただ，ソフトウェア処理負担の大きい反射型の電子光学式標点計測法は，応答時間を短くすることが困難です．リアルタイムであるといっても，実用的なマーカ数とカメラ台数では100 ms程度の応答時間になるという場合が多いです．同じ電子光学式標点計測でもマーカ識別処理が不要の時分割発光型では，80個のマーカ・16台のカメラでの計測で10 ms以下のハードリアルタイムを実現しているシステムもあります．磁気センサやジャイロセンサ，関節角度計もソフトウェア処理がほとんどいらないため，一般的にリアルタイム性能が高く応答時間の短いハードリアルタイムシステムを構成できます．

（5）外部同期

　運動計測システムは，床反力計などの力センサ類や，筋電計などの生体信号センサ類と同時に計測する場合があります．このとき，これらの外部計測機器と時間的な同期をとる，すなわち互いに時刻合わせをすることが重要になります．

　外部同期には2種類あります．ひとつは開始時刻を合わせ，あとはそれぞれの装置のもつ時計にしたがって，それぞれの装置で決まる計測周波数に基づいてサンプリングしていくというものです．最近は計測周波数の精度が高いため，開始時刻さえ合わせれば致命的なずれは起きません．ただし，双方で計測周波数が異

なる場合には，同一時刻のデータは得られません．あとでデータの時間軸方向の補間などを行って，同時刻のデータを推定する必要があります．

　もうひとつは，どちらかの装置がマスターとなって計測サンプリングのクロック信号を発信し，残りの機械（スレーブ）がその外部クロック信号にしたがってサンプリングするというものです．こちらはすべての機械が１つのクロック信号で同調していますから，時刻の同一性は確実です．後者の方法のほうが合理的ですが，なかなか外部クロック同期でサンプリングできるシステムはありません．現実的には，開始時刻を揃えることで同期をとることになると思います．この場合は，使用するシステム（運動計測装置だけでなく）に「外部トリガ入力」とか「外部トリガ出力」という機能があるかどうかを確認します．購入するときには，最低限，この仕様を確認します．この機能をもったシステム同士なら簡単につながるかというと，実はそうでもありません．やはり経験のある人（＝すでに同型の装置を使っている人，同型の装置を多数納入している販売店）のサポートが必要です．接続する装置がすでに決まっているのなら，販売店に同じ装置を接続した事例があるかどうかを聞きます．実績ある組合せのほうが，トラブルなく外部同期の計測システムを組むことができます．外部同期のトラブルというのは意外と厄介で，解決までに１ヶ月以上かかることもあります．

3.3.2　実用性能

　実用性能を客観的に評価するのは困難です．利用目的もユーザによって異なりますから，一般的なこともいえません．最終的にはユーザ自身が判断するしかありません．ここでは，どのような点に留意して使い勝手を判断すればよいかについて述べておきます．

（１）　販売代理店サポート

　筆者の経験では，もっとも重要なのは販売代理店（あるいは製造元）のサポート能力です．代理店担当者がシステムに習熟し，サポートをしてくれるようだと心強いです．特に，ユーザが日常的には行わない工程でノウハウをもっているところは信頼できます．

まず，カメラのセットアップです．システムのインストール（初期導入）をしてくれるのは当然です．このとき，ユーザの利用環境と計測目的に応じて多数台のカメラをうまく位置あわせしてくれるようなノウハウをもっているかどうかということです．この部分は本来ユーザ自身が行うべきものですが，実は，頻繁に行う部分ではありません．多くのユーザは一度設定したカメラ配置をそのまま使い続けます．なにより，購入したばかりのユーザが試行錯誤しながらカメラ配置を行うのは予想以上に厄介です．カメラの台数が多くなればなるほど，設定の自由度が増え，効果的なカメラ設定を模索するのはたいへんな手間になります．このあたりのノウハウをもっている代理店で，インストール時に手伝ってくれるようなところだとたいへん心強いです．

第二は，床反力計や筋電計との同期設定です．多くの場合，運動計測システムと床反力計や筋電計は別々の代理店から購入することになります．へたをすると「接続はユーザの責任で」といわれてしまいます．それこそ最初の1回しかやらない接続設定ですから，きちんとサポートしてくれるところ，かつ経験の豊富なところを選ぶべきでしょう．

（2） 日常計測

日常的な計測はユーザ自身が行うことになります．運動計測システムが簡便になったといっても，体脂肪計ほど簡単ではありません．専任のオペレータが必要です．購入した研究者自身がそれをつとめる場合が多いと思いますが，実はあまりよい選択肢ではありません．ほかの研究者がシステムを使うのに，いちいち購入した研究者に支援してもらわなければならず，結局，システムの利用が進みません．そのためにも，購入した研究者以外に使えるオペレータを育成していくべきです．

オペレータがもっとも悩むのがマーカの欠落です．計測した直後に，体表面に貼ったマーカがすべて計測できたかどうか，あるいはどのフレームでどの程度欠落したのかを視覚的に，わかりやすく確認できる機能が重要です．最近のシステムのなかには，その場でマーカの認識（ラベル付け）をしてくれるものがあります．こういう機能が備わっているとマーカ欠落の確認は非常に容易になり，再計

測すべきかどうかを迅速に判断できるようになります．

（３） データ処理

　計測終了後，マーカの誤認識がないかをチェックしたり，欠落個所を補間したり，さらには関節角度計算などの後処理をすることになります．システムないしは付属するソフトウェアにこのようなデータ処理機能が備わっていれば，処理はずっと楽になります．最近のシステムでは GUI（グラフィカルユーザインタフェース）によって，マーカの誤認識チェックや修正，欠落個所の補間ができるようになっていますが，この使い勝手は重要な評価項目となります．購入前に自分自身で最低 10 試行分くらいを処理してみたほうがよいでしょう．初心者にわかりやすい GUI でも，慣れた人がたくさん処理するには面倒であるということもあります．データ処理には，往々にしてデータ計測よりも多くの時間がかかります．この部分のソフトウェアの処理時間をしっかり検討することが大事です．

3.4　計測上の留意点

3.4.1　計測精度の確認

　実際に運動計測装置を買って設置したら，やはりユーザ自身で計測精度を確認するべきです．仕様書に書いてある数字や臨床歩行分析研究会のデータは購入時の参考にはなりますが，それはあくまでも「他人の利用条件下での性能」に過ぎません．

　計測装置の性能はカメラの台数や設置条件によっても大きく変わります．精度確認には臨床歩行分析研究会などで行っているような **2 点マーカ間距離**（inter-maker distance）が簡便です[8,14]．基準長さの棒の両端にマーカを取り付け，それを上下・前後・左右方向に持って計測空間内を歩行するときのマーカ位置を計測し，2 点マーカ間距離のばらつき，真値とのずれを評価します（図 3.7）．

　得られた結果を公開されている結果と比較することもできます．ユーザレベルで確認する場合，得られた結果をどう判断するかが次の問題になります．臨床歩

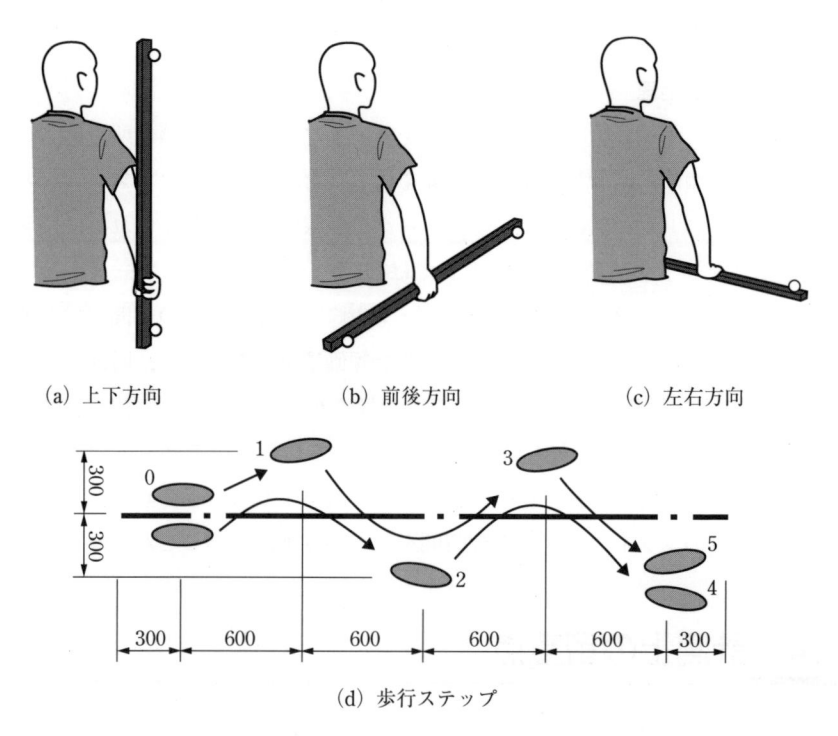

(a) 上下方向　　　　(b) 前後方向　　　　(c) 左右方向

(d) 歩行ステップ

図 3.7　臨床歩行分析研究会による運動計測システムの精度評価方法

行分析研究会と同等の方法（図 3.7）で全部で 300 サンプル程度のデータを計測したとします．

　まず，データのばらつきを見てみましょう．固定長さの棒を計測しているので理論的には 2 点マーカ間距離は変化しませんが，実際にはばらつきをもって変動します．2 点マーカ間距離 300 サンプルの標準偏差を計測空間の 1 辺の長さで割って正規化し，これをばらつきの目安にします．臨床歩行分析研究会の Web サイトで公開されている同等のシステムの結果を同様に正規化し比較してみます．自分の使っているシステムのばらつきが，公開データの 2 倍以上になるというのであれば，問題があると考えてよいでしょう．この場合，まず慎重にキャリブレーションをやり直します．それでも解決しないようであれば，300 サンプルの時系列データをみてみます．計測空間の中の特定の場所でばらつきが大きくなって

いるようなら，そのエリアに問題があります．外光条件，反射，その空間を記録できる有効カメラ台数などを確認し，必要であれば再調整します．

まだ解決しない場合には，カメラの焦点距離や絞りの調整を検討します．このあたりは，メーカや販売店と一緒に検討することをお薦めします．ばらつきが十分に小さくても，真値とのずれが大きいということもあり得ます．この場合，検証に利用した棒のけがき線間の距離を再計測してみてください．

第2章で述べたように，長さの計測には**トレーサビリティー**というものがあり，本来はトレーサビリティーの保証されたより高精度の長さ計測機でけがき線間の距離を測る（値付けをする）べきです．理想的には温度依存性の低いレーザ距離計が望ましいですが，手元にない場合には鋼尺等で計測することもあり得るでしょう．このような場合には，室温にも留意してください．また，けがき線の直上にマーカの中心がくるようにマーカをきちんと貼り直すことも重要です．

この点を見直し，キャリブレーションをし直したうえで再検証し，まだ真値とのずれが大きいようであれば，メーカや販売店に相談してください．

3.4.2 床反力計との時空間同期

運動計測システムは，しばしば力計測の機器と併せて利用します．**運動学**（kinematics）だけでなく，**運動力学**（kinetics）を扱おうとすると，力計測が必要になります．力計測装置にはいろいろなものがありますが，人体運動の場合，重力方向に体を支えている床面での反力を計測するケースがもっとも多くなります．それを測るのが床反力計です．床反力計の詳細については，参考文献を参照してください[17~19]．ここでは，床反力計を運動計測装置と併せて使う場合のノウハウについて述べることにします．

床反力計で計測できるのは，人体と床反力計との間に働く力の3分力とモーメント，そしてモーメントの釣り合い点（**床反力作用点位置**，Center of pressure：COP＝ゼロモーメントポイント，Zero moment point：ZMP）です．大事なことは，これらのデータが運動データと同じ座標系で，同じタイミングに計測されなければいけないということです．これを床反力計と運動計測システムの**時空間同**

期といいます．運動計測システムが納品され，セットアップされたからといって安心してはいけません．そもそも，床反力計を扱っている会社と運動計測システムを扱っている会社が異なるので，接続や設定に関するトラブルやミスは枚挙にいとまがありません．とにかく，ユーザ自身で確認することが大事です．

　まず，簡単にできることは，床反力計の上に立って静荷重を計測することです．計測された荷重が自分の体重と大きく異なっているようであれば，荷重係数などの設定が間違っている可能性があります．床反力計が複数枚ある場合は，それぞれの上に乗って計測してみます．自分が乗っていない床反力計に荷重が表れている場合は，複数の床反力計の隙間にゴミや小石などが挟まって，床反力計が独立して働かなくなっていることも考えられます．隣接する床反力計の間に隙間が空いていることを確認し，薄い板を差し込んでみてください．薄い板が引っかかって動かないようなら，なにかが挟まっている可能性があります．

　次に，棒の先端に運動計測用のマーカを取り付け，床反力計の外に立って，棒の他端を持ってマーカーのついた先端で床反力計を押します．このとき，棒で押された点が床反力作用点になります．計測された作用点位置座標と，運動計測システムで検出したマーカ座標の XY 位置が 30 mm 以上ずれているようなら，これも異常です．1個所だけでなく，数個所を押してみてください．もちろん，床反力計が複数枚ある場合は，それぞれについて押してみることが必要です．ずれが認められた場合には，床反力計側の設定・接続の確認，運動計測システムの座標系設定の確認をしてください．

3.4.3　着衣

　被験者にどのような服装をさせればよいか．運動計測の実験者が悩む点です．一般的には，マーカを貼り付ける部位の皮膚が露出し，皮膚に直接マーカを貼り付けられるような軽装がよいということになります．とはいっても，そうなると股関節にマーカを貼り付けるには，そうとうに股ぐりの深い競泳水着のようなものを着用させることになり，被験者に嫌がられます．もう少し肌が隠れるような着衣が現実的です．肌を隠すといっても体に密着するものでないと，着衣に貼り

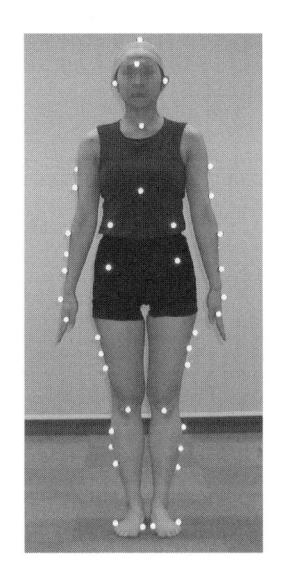

図 3.8　着衣の例

付けたマーカが人体運動と無関係にフラフラと揺れてしまいます．伸縮性が高く，それほど体を締めつけずに，体に密着する着衣でなければいけません．たとえばフィットネス用のスパッツや，最近では水着でも体にフィットして丈の長いもの（膝上やくるぶしまであるもの）などがあるので，そのようなものもよいようです（図3.8）．これらの着衣に着替えてもらうのも困難な場合があります．その場合は，被験者にできるだけ伸縮性のある着衣で参加してもらい（Gパンは不適），だぶだぶとした部分はゴムバンドなどで押さえます．

3.4.4　マーカの貼付け

運動データを個人間で比較するためには，マーカを解剖学的に正しい位置に貼り付ける必要があります．このためには，解剖学的特徴点の触察が必要になります．光学式運動計測システムの計測精度は非常によくなりましたが，肝心のマーカの貼付けがいい加減では意味がありません．計測システム自体が，一辺3mの計測空間で1mm程度の位置精度を実現しているのですから，計測者もそれ

に劣らない程度の再現性で，解剖学的特徴点位置を同定するよう努力すべきです．

詳細については第1章を参照してください．主として下肢運動の計測に必要となる解剖学的特徴点位置の見つけ方のコツが記載されています．通常は，転子点にマーカを貼って**股関節**とし，外側上顆最突点を**膝関節**，外果最突点を**足関節**，腓側中足点をMP関節とします．

3.4.5 被験者への指示

被験者に運動を指示する方法にも留意してください．歩行を計測するにしても，どのような速度で歩行するのかなどを実験目的に応じて決めておき，それを実験前に被験者に説明したうえで，動作時に明瞭に指示します．できるだけ自然な動きをとりたいので指示を最小限にするというのも一案ですが，うまくいかない場合もあります．何名か被験者を計測しているうちに「『普通に走ってください』ではわからない．100m走なのかジョギングなのかもっと具体的に指示してほしい」というような被験者が出てきます．そのときになって指示を細かくすると，それ以前の被験者とは指示内容が異なるということになるのです．

床反力計の踏み分けの指示はとりわけむずかしいです．後述する運動力学解析を行うには，左右の足が同時に1枚の床反力計の上に乗ってしまわないようにしなければなりません．左右の足が同時に1枚の床反力計の上に乗ってしまうと，左右の足それぞれに働く力を分離できず計算できなくなるのです．そのため，床反力計を複数枚使う場合には，歩行の進行方向に沿って左右に並べ，右足と左足がそれぞれ異なる床反力計を踏むように配置することになります．とはいっても，人間の歩隔（歩いているときの左右足の間の幅）は狭く，気をつけて歩かないと踏み分けできません．被験者が踏み分けばかり留意して下を向いて歩くようになると問題です．

また，進行方向の床反力計の長さが十分ではない場合には，左右の踏み分けに加えて床反力計の上にちょうど右足が乗るようにしたいので，実験制約がかかります．より自然な動作を計測したいが，解析するためにはある程度制約をクリア

したデータでなければならないというなかで，どのように被験者に指示を出すかは重要なポイントとなります．

踏み分けなどを一切指示せずに何度も計測し，たまたま踏み分けたデータを解析に利用するという方法もありますが，実際にやってみると成功データをとるための実験試行数が極端に増えることがわかります．しかも，被験者はなぜ何度もやり直しになるのかがわからないため心理的ストレスがつのり，結果的に自然な歩行ではなくなる場合もあります．筆者らは，実験・解析の都合を被験者に説明し，そのうえで下を見ることなく自然に歩いてほしいと伝えてから，何度か練習してもらうようにしています．

成人の場合は歩き出すポジションと前方の目印を決めることで，下を見なくとも踏み分けることができるようになります．子どもの計測ではこれもうまくいきません．結局は何度もやり直して成功例を待ち，うまくいかなければ別の日に改めて計測するようなこともあります．子どもが集中して実験に取り組めるのは2時間が限界です．

3.4.6 データの確認

1試行分の計測が完了したら，その場で床反力データと運動データを確認します．歩行に限らず，人間の運動の多くは再現性が高いので，オペレータは典型的な波形パターンを把握しておきます．そうすれば，計測したデータが際立って異常であるかどうかを，即座に判断できます．特に床反力の踏み分けやマーカの欠落などはこの時点でしっかりチェックしておく必要があります．うまく計測できていなければ，被験者にお願いしてもう一度計測すべきです．

3.5 運動データ処理

3.5.1 平滑化

電子光学式標点計測法では伝送系統のデジタル化が進んでいるため，ノイズの

原因は撮像素子まわりに限定されてきました．それでも，得られたマーカ位置データのノイズはゼロではありません．たとえば，空間の1個所にマーカを固定して位置計測を行うと，精度のよい計測システムであっても 0.2〜0.5 mm 程度の位置データのばらつきが観測されます．固定点であれば平均化してしまえばよいのですが，運動中のマーカの場合にはノイズ除去処理をしなければなりません．ノイズは加速度計算に大きく影響しますので，後述する運動力学解析を行うのであれば，ノイズ除去は必須の工程といえるでしょう．

　ノイズ除去にはいくつかの方法があり，確立された決定的な方法がありません．基本的には人体の動きの周波数が低く（数 Hz〜10 Hz 程度），撮像系などで生じるノイズの周波数が高い（数 10 Hz〜数 100 Hz）ことを利用したローパスフィルターを用いる方法が中心です．FFT（高速フーリエ変換）と逆 FFT を用いて高い周波数成分を取り除く方法，デジタルフィルタを用いる方法（注目時点の前後のデータを平均化する移動平均法もデジタルフィルタの一種です），区間曲線をあてはめる方法などがあります．最近の運動計測システムではこのような平滑化処理がシステムに組み込まれています．

　したがって，ユーザ自身がプログラムを組んでデータを処理することはほとんどなくなりました．それでも，後述するような運動力学解析を行うつもりであるなら，システムの平滑化処理についてきちんと把握しておくべきでしょう．ポイントは2つです．高周波のノイズが除去されているか，そして，それに伴って信号波形（除去してはならない本質的な信号）の振幅が小さくなっていないかをチェックします．具体的にはシステムの平滑処理を加えた場合と，平滑処理を一切行わない場合のグラフを描いて小さなギザギザが減っているか，グラフの山が小さくなりすぎていないかを調べます．より定量的に行うのであれば，FFT によって周波数分析をするのがよいでしょう．

　もし，運動計測システムに平滑処理プロセスが組み込まれていない場合には，自力でプログラミングすることになります．区間関数を用いた平滑化のプログラムソース GCVSPL が，ISB（International Society of Biomechanics）の Web サイト（http://www.isbweb.org/）で公開されています．このようなソフトウ

ェアは何人もの研究者が使って検証されているので信頼できます．このようなソースコードがあったとしても，自力でのプログラミングはむずかしいという方のために，ここでは，Excel でもできるデジタルフィルタをお教えしておきます．

先に述べたとおり，次式で表される移動平均法もデジタルフィルタの一種です．しかし，移動平均法は FIR フィルタ（Finite Impulse Response Filter）というもので，あまり周波数遮断特性がよくありません．つまり，高周波のノイズがあまり除去できない割に，肝心の低周波信号波形をなまらせてしまうのです．

$$x(t) = \frac{x(t-1) + x(t) + x(t+1)}{3}$$

筆者は IIR フィルタ（Infinite Impulse Response Filter）をお薦めします．筆者がよく使っているのは Bryant の提案した IIR フィルタです（次式）[20]．

$$xf(t) = \frac{w^2\{x(t) + 2x(t-1) + x(t-2)\}}{B} + Cxf(t-1) + Dxf(t-2)$$

ここで，$w = \tan(\pi F)$，$F = F_c/F_s$（F_c：遮断周波数，F_s：遮断周波数），

$$B = 1 + \sqrt{2}\,w + w^2, \quad C = \frac{2(1+w^2)}{B}, \quad D = -\frac{1 - \sqrt{2}\,w^2 + w^2}{B} \quad \text{とする．}$$

FIR フィルタが現在と過去の生データの線形結合で平滑されたデータを計算するのに対し，IIR フィルタでは現在と過去の生データと平滑データの両方を用います．遮断特性に優れ，信号波形をあまりなまらせずに高周波ノイズを効率よく除去できます．ただし，平滑後の波形に位相ずれが起きてしまいます．そこで，時刻が増える方向と減る方向に 2 回フィルタを施し，位相差を打ち消しています．式は複雑ですが，少し考えれば簡単に Excel で計算できます．Excel ならばすぐに計算結果をグラフとしてみることができますので，適切な遮断周波数を選ぶのにも便利です．

3.5.2 関節中心位置の推定

電子光学式標点計測システムでは体表面に貼り付けたマーカの位置が得られます．これがそのまま人体運動を意味するわけではありません．マーカはあくまでも体表面上の点であり，関節中心ではないからです．そのため，電子光学式標点

計測システムにおいては，体表面に貼り付けたマーカ位置から生体内の関節位置を精度よく推定する技術が求められています．体表面マーカから生体内関節位置を推定する技術には，大きく2つのアプローチがあります．第一は関節部の解剖学的・幾何学的モデルを構築し，統計情報に基づいてモデルの形状や寸法を個人に対応させるもので，第二はマーカをつけた状態で被験者に所定の運動をさせ，運動学的・機構学的モデルに基づいて回転中心を計算する方法です．

解剖学的・幾何学的統計モデルに基づく方法は，触察によって解剖学的特徴点直上にマーカを貼り，そのマーカ位置情報から生体内関節中心を計算する方法です．レントゲン撮影などから得られた体表特徴点と生体内関節中心との相対的な位置関係の統計量から関係式を導出しています．Davis[21]，Vaughan[22] の方法が有名です．また，Helen Hayes Hospital で開発された **Helen Hayes マーカセット** と呼ばれる関節中心推定方法（図3.9）[23]も，いくつかの光学式運動計測システムで採用されています．臨床歩行分析研究会が提唱する運動データファイルの

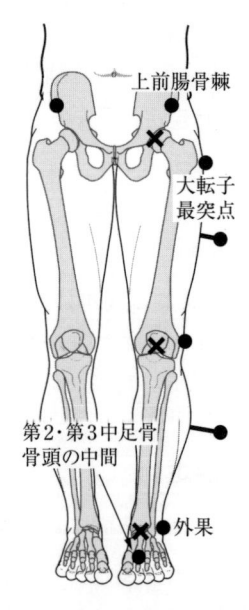

図 3.9　Helen Hayes マーカセット

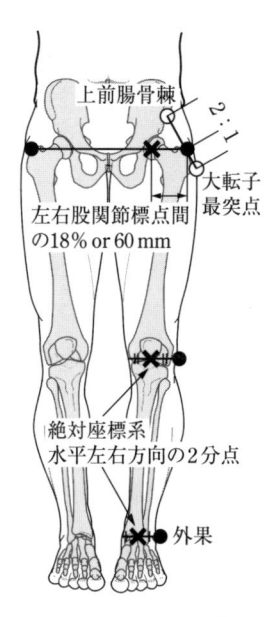

図3.10 DIFFマーカセット

互換フォーマット DIFF においても，関節中心位置の推定方法が提案されています（図3.10）[24]．

このうち，股関節については，体表面マーカから推定した関節中心と，レントゲンや MR 画像から取得した実際の股関節中心との誤差を検証した研究[25~27] があります．股関節の検証研究が多いのは，股関節中心が深部にあり体表面マーカからの推定誤差が大きくなりやすいためでしょう．MR 画像を用いた筆者らの検証結果[27] によれば，もっとも単純な幾何モデルに基づく DIFF の方式がよいパフォーマンスを示しました．複雑な幾何モデルを用いる場合，そのモデルの形状パラメータを統計的に推定する部分で誤差が重畳してしまい，最終的な精度が悪くなるようです．統計的な推定式が欧米人体型に最適化されていることも一因でしょう．

これに対して，運動学的・機構学的モデルでは，マーカは関節部直上に貼り付けず節の中央付近に貼り付けます．Cappozzo らの研究[25] によれば，運動による

皮膚変形によって生じる体表面マーカと骨格とのずれ（Skin Movement Artifact）は関節直上がもっとも大きく，体節中央付近がもっとも小さいとされています．こういう点からも，関節直上にマーカを貼るのではなく，体節中央付近にマーカを貼るほうがずれが出にくいと考えられます．

　このようにマーカを貼ったうえで，実際に関節を運動させ，なんらかの数学的制約条件をおいて回転中心を計算するのが運動学的・機構学的モデルによる方法[28,29]です．筆者らの方法では，1つの体節について最低3つのマーカを貼ることになるため，全身のマーカの数は40個以上にもなります．もっとも，最近の電子光学式標点計測システムでは，このような多数マーカセットでも問題なく追従・認識できます．マーカセットを装着した段階で，関節中心を計算するための基準動作を被験者に行わせます．基準動作全行程を通して，マーカセットと推定すべき関節中心との相対関係が一定であり，かつごく短い時間間隔であれば関節中心が絶対空間で並進移動しないという制約条件下で最適化計算を行い，マーカセットに対する関節中心の相対位置を計算します（図3.11）．ここでは，関節中心の並進運動を許容し，マーカセットと体節間に生じる皮膚変形のずれは無視で

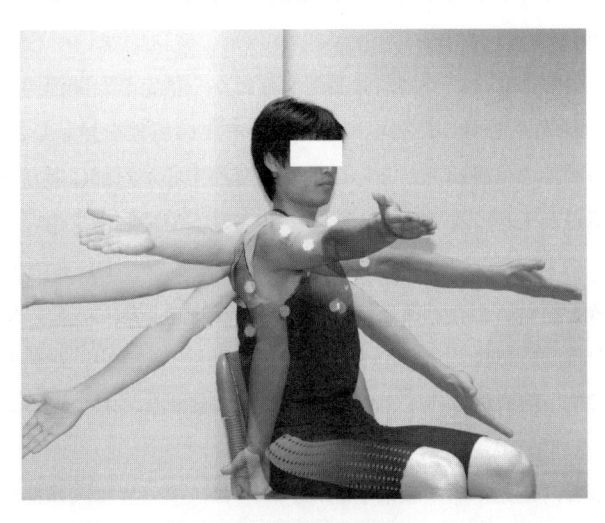

図 3.11　運動計測による機能的肩関節中心位置の推定

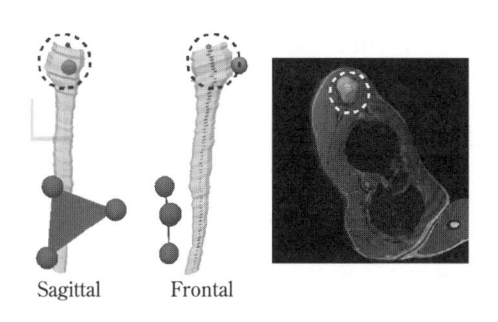

図 3.12 運動計測による機能的肩関節中心位置の推定結果

きると仮定しています．MR画像を用いた検証から，肩関節・足関節以外では関節窩の中央付近に回転中心が同定されていることが確認できています．肩関節では上腕骨のやや内側（図 3.12）に，足関節では内果最突点と外果最突点の中点よりもやや下側に推定されます．これらの関節は実際には関節複合体であり，それを単純な機構学モデルで再現した場合の機能的関節中心を計算していると考えることもできます．

　前者の統計に基づく方法と，後者の運動に基づく方法とはそれぞれ得失があり，どちらが有利ともいいきれません．後者のほうが個別対応の点で優れているのは明らかであり，最新の電子光学式標点計測システムをもっていて，多点マーカセットの貼り付けや関節中心決定のための基準動作計測に抵抗がないのであれば，筆者としては後者の方法をお薦めします．前者が他人（場合によっては異なる人種）の統計量から推定しているのに対し，後者はあくまでも自分の運動データから最適化しているためです．

　いずれにしても，運動計測システムで得られたマーカの座標値から関節中心を推定するソフトウェアが必要となります．市販の電子光学式標点計測システムには，このようなソフトウェアが組み込まれていることが多く，たとえば上述したHelen Hayesマーカセットがシステムに組み込まれていて，マニュアルどおりにマーカを貼れば統計的に関節中心を計算してくれるようになっています．また，DIFFを推奨する臨床歩行分析研究会が会員に配布している歩行解析ソフト

ウェア DIFFGAIT でも，DIFF 方式での関節中心計算ができます．運動学・機構学モデルに基づく方法はまだあまり一般化していませんが，筆者らの研究センターでは基準動作からマーカセットと関節中心の相対関係を取得し，体表面マーカ座標から関節中心座標を推定するソフトウェアを提供しています（http://www.dh.aist.go.jp/）．もちろん，これ以外の方法でも論文に詳細な方法が出ていますから，コンピュータプログラムを独自に組めば関節中心推定はそれほどむずかしいことではありません．

プログラミングの敷居が高いという人には，たとえば，Vicon Motion Systems の Body Builder というソフトウェアなどが便利です．このソフトウェアは，簡易プログラム機能をもっていて（C/C++でプログラムを組むよりずっと簡単），相対的に動かない3つのマーカでマーカセットを構成し，そのマーカセット座標系の6自由度（位置と姿勢）を計算したり，マーカセット座標系と相対的に位置関係が変化しない仮想点の座標値が計算できます．

3.5.3 運動による皮膚変形の影響

関節中心を推定する方法は，基本的にマーカが生体内骨格で決定される特徴点の直上に貼り付けられていることを前提としています．解剖学的特徴点を，静止立位状態で注意深く触察したとしても，運動中に皮膚が変形してしまい，体表面上のマークと骨の相対的な位置関係が変わってしまいます．これを Skin Movement Artifact と呼びます．より精密な計測を行うには，この問題も考慮する必要があるでしょう．特に，関節を単純なピンジョイントと仮定せず，関節で起こるすべり運動などを計測したいと考える場合には，この問題の解決が必須ともいえます．残念ながら，この問題をきれいに解決できる簡便な方法は確立されていません．大きく3つのアプローチがあるようです．第一は，皮膚変形を受けにくい場所を探し，そこにマーカを貼る方法．第二は，皮膚変形を生じないようにしてしまう方法．第三は，部位による皮膚変形の大きさや方向の確率分布モデルに基づいてマーカのずれを補正する方法です．

第一については，Cappozzo らの研究があります[25]．節の中央付近に3つ以上

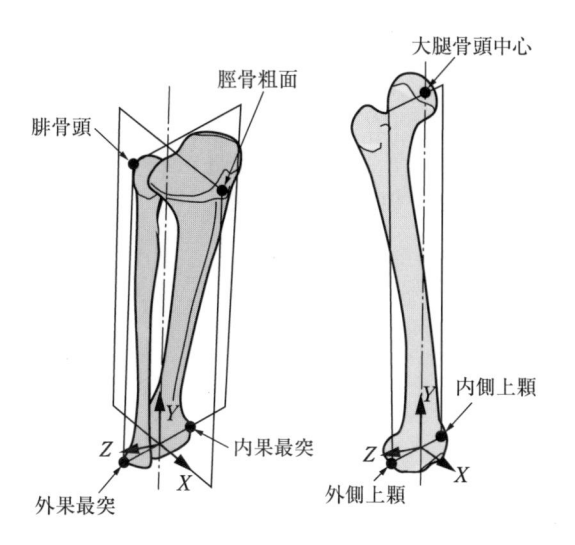

図 3.13 マーカセット座標系からAnatomical Frame（解剖学的座標系）への変換

のマーカをつけ，そのマーカセットで構成される座標系に対して，関節中心を特定するための解剖学的特徴点の相対位置をあらかじめ入力します．こうすることで，時々刻々計測されるマーカセット座標系を，解剖学的特徴点によって構成される**骨基準解剖学座標系**（Bone embedded anatomical frame）に変換できるようになります（図3.13）．マーカセット座標系が皮膚変形の影響を受けにくい場所にセットされていれば，皮膚変形の影響を受けずに解剖学的特徴点を推定し，関節中心を計算できることになります．一連の研究が Leardini らによって Gait and Posture 誌にまとめられています[30]．定量的な考察が加えられており，参考になります．

第二については，たとえば Sati らの研究があります[31,32]．彼等の研究によれば，図3.14のような装具を付けて膝関節付近の皮膚変形を抑えることで，体表面マーカと骨との相対的なずれが生じなくなるとされています．

第三の解剖学的なモデルによるアプローチでは，決定的な方法は提案されていないようです．コンピュータグラフィクスの世界では，ノイズやずれを含む実測マーカから，合理的な関節中心を最適化する方法が提案されています[33]．これら

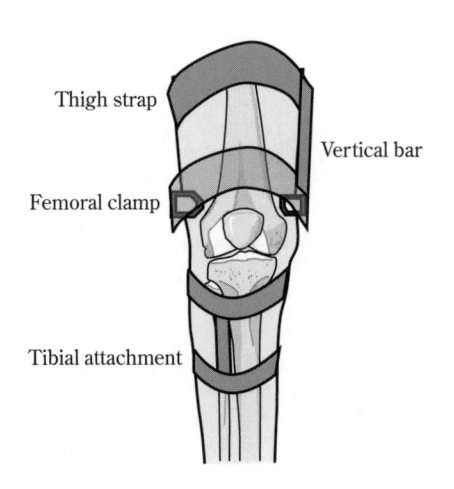

図 3.14 皮膚変形をおさえる膝関節アタッチメント（文献 31 中の図を改変）

は，生体関節が機械のピンジョイント関節であるなどの構造的仮定を置き，実測したマーカ座標から，最適なピンジョイント関節中心を計算するものです．

3.6 運動データ表現

3.6.1 関節角度表現

人体運動を記述・表現するのに，関節角度は合理的な方法です．**関節角度表現**には関節構造や機構は関係ありません．2 つの剛体節の相対的な位置と姿勢の関係を角度で表すというだけのことです．2 つの剛体節が，異なる 2 人の被験者の前腕同士であっても，同じように数学的に表現できます．ただ表現しても医学的には意味がありません．バイオメカニクスや医学で利用する関節角度表現のむずかしいところは，ここにあると思っています．すなわち，数学的に合理的な表現方法であり，かつ，医学的に理解しやすい表現方法であるという両者を満足させなければならないのです．

関節角度を記述するためには，まず座標系を決めなければなりません．座標系

の問題も，まじめに考えるとたいへん深遠な課題です．たとえば，膝関節の2次元運動で屈曲伸展角度を記述するとしましょう．「大腿節の長軸と下腿節の長軸のなす角度を屈曲角とし，伸展位をゼロ，屈曲方向に正とする」という定義をしたとき，長軸とはなにか，ということです．

大きく2つの考え方があります．第一は解剖学的に定義する方法，第二は運動学的に定義する方法です．解剖学的な定義とは解剖学的特徴点にマーカを貼り付け，そのマーカによって規定される座標系を利用するという意味です．個人間の対応が確実で，運動に支障がある被験者でも定義ができますが，運動軸は骨の形状によって決まっているのではないという問題があります．

運動学的に定義するというのは，たとえば股関節と膝関節，足関節付近にマーカをつけ，膝を屈曲伸展運動させたときの運動平面に基づいて屈曲伸展軸を定義するという方法です．合理的ではありますが，屈曲伸展しながら，実は下腿の回旋も同時に起きているかもしれませんし，運動機能障害があれば座標の定義もむずかしくなります．まさしく一長一短．全体的には，解剖学的な定義が数多く利用されているようです．

座標系が定義できたら，次は隣り合う2つの節の座標系の相対的な位置と姿勢を数学表現するステップです．ここでは，3次元の角度表現に触れることにします．数学的な合理性と医学的な解釈容易性を両立した3次元角度表現はなかなかむずかしく，これといった決め手はありません．また，日本語の良書もありません．Niggの本[34]にうまくまとめられていますので，紹介しておきます．主に3つの角度表現法が提案されています．それぞれ得失がありますが，ポイントは

- 医学的な解釈が容易か
- 順序依存性があるか
- 加算性があるか
- ジンバルロックがあるか

だと思います．

(1) **オイラー角／カルダン角**

第一はオイラー角といわれるもので，厳密には**オイラー角**（Eular angles）と

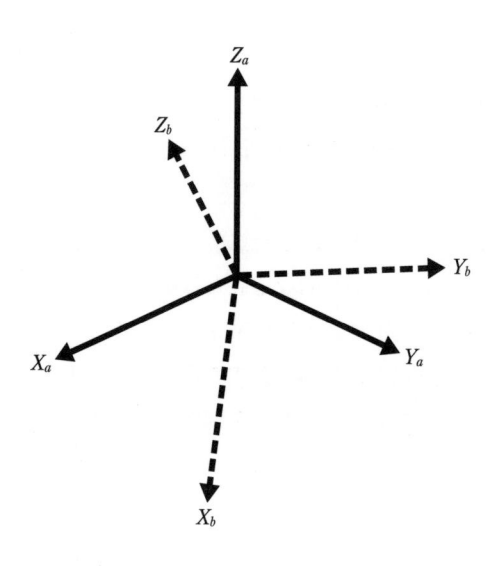

図 3.15　2 つの節座標系

カルダン角（Cardan angles）があります[12]．原点を重ねて図を描くと，隣接する 2 つの剛体座標系は図 3.15 のようになります．ここで，座標系 A を座標系 B に一致させるように回転するには，まず，Z_a 軸まわりに回転させます．そうすると，X_a 軸と Y_a 軸も回ってしまって，新しい X'_a 軸と Y'_a 軸になります．次は，この新しい Y'_a 軸に回します．そうすると，X'_a 軸と Z'_a 軸（=Z_a 軸）は回転してしまい，X''_a 軸と Z''_a 軸ができます．最後に，Z''_a 軸まわりに回転させると，座標系 A を B に重ねることができます（図 3.16）．このとき，3 つの回転角度が必要でしたので，この 3 つの回転角度で表現するのがオイラー角です．

　カルダン角もほとんど同じですが，オイラー角が最初の軸と最後の軸が同じであるのに対し，カルダン角は 3 つとも違う軸まわりで回転させます（図 3.17）．最初に Z_a 軸，次に Y'_a 軸だとしたら，三番目は X''_a 軸まわりに回転させるのです．人間の運動を記述するには，このカルダン角のほうが適しています．たとえば膝であれば，屈曲伸展軸を Z_a 軸，内外転軸を Y'_a 軸，回旋軸を X''_a 軸とすれば，まず屈曲伸展させ，そのうえで内外転させて，最後に回旋させるという順で角度を定義できるのです．

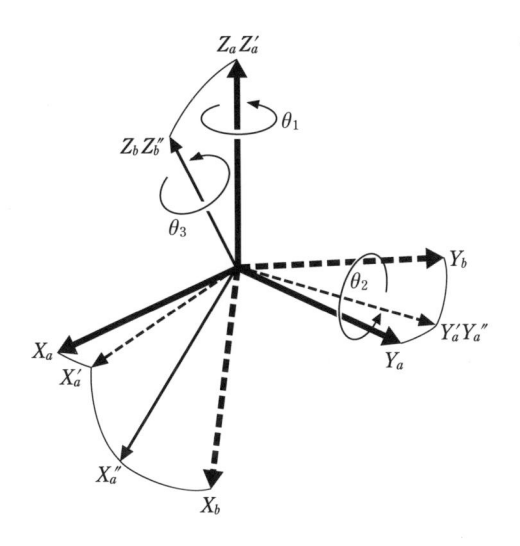

図 3.16 オイラー角

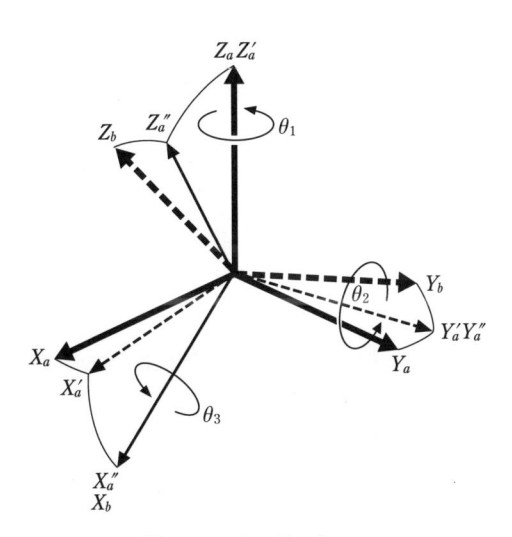

図 3.17 カルダン角

3.6 運動データ表現

オイラー／カルダン角は，簡単な三角関数の数式で表現でき，それは，3×3の行列の形で表すことができます．3×3の行列は座標系の回転を表すもので，座標系の単位方向余弦ベクトルから構成することができます．したがって，運動計測で得られたマーカの座標から剛体の座標系（の絶対座標系に対する姿勢）を3×3の行列で表現でき，それを用いれば，2つの剛体座標系の相対的な回転も3×3の行列で表現できます．それを，先のオイラー／カルダン角の三角関数の数式にあてはめて解けば，3つの角度を計算できます．逆三角関数を使って解くことになりますが，このとき，定義域に注意してください．角度は360度定義可能ですが，$\sin^{-1}$の定義域は0度から180度，$\cos^{-1}$の定義域は－180度から＋180度までしかありません．また，$\tan^{-1}$も普通に使うと±90度の定義域しかもちません．分母と分子の象限をチェックして符号を判定する関数（C/C++であればatan2）を使うようにしましょう．

　オイラー／カルダン角は医学的な解釈が容易です．一方，角度表現には順序依存性があり，3つの角度は定義した順番どおりに回さなければなりません．したがって，厳密には3つの角度をバラバラに扱って，足し算や引き算をすることはできません．当然，角速度を単純な引き算（差分）で計算することもできません．また，角度が定義できなくなる特異点が存在します．北極に行くと，西と東がなくなってしまうのと同じです．これは，**ジンバルロック**（gimbal lock）と呼ばれます．なお，Gyroscopic Eular angle という積分形式の角度表現[35]を用いれば，これらの問題を解決できます．

コラム　ジンバルロック

　ジンバルロック（特異点）は，バイオメカニクス分野では，コードマンのパラドクスとして有名です（コラム図）．背筋を伸ばし，肘と手首を伸展させたまま掌を下に向けて右腕を前方に伸ばします．このまま，右腕を外側に向けて水平に90度回します．肩関節の水平外転です．今度は，そのまま右腕を挙上します．そして，最後に右腕を前方に倒していくと，掌は外側に90度ねじれています．一度も回旋運動を行うこと

図

なく，前腕が回旋してしまう．これがコードマンのパラドクスです．

　ジンバルロックは，それ以上に，航空宇宙工学の世界では人工衛星の制御においてきわめて重要な課題でした．映画"APPOLO 13"の中でも，「姿勢に気をつけろ！　ジンバルロックするぞ！」と怒鳴るシーンがあります．1970年に，ジンバルロックを解決する**4元数表現**(Quaternion) が提案されており，現在は解決されています．Quaternion も物体の瞬間的な回転方向の単位ベクトルと回転角度で姿勢を記述する方法です．バイオメカニクス分野で提案された Helical angles も，基本的には Quaternion と同義です．

　Grubin, C.: Derivation of the Quaternion Scheme via the Eular Axis and Angle, Journal of Spacecraft, 7(10) (1970).

(2) Joint Coordinate System

Grood らによって提案された人体関節角度の表現方法[36]です．図 3.18 を見てください．2 つの座標系があるとき，回転軸の 1 つは座標系 A によって決まります（図中の Z_a 軸 $= e_1$）．通常は，これを屈曲伸展軸とします．もう 1 つの回転軸は座標系 B によって決まります（図中の Y_b 軸 $= e_3$）．通常は，これを長軸＝回旋軸とします．そして，3 つ目の軸は，第 1 軸と第 2 軸の外積によって決まります（図中の e_2 軸）．カルダン角とよく似ています．特に，第 1 軸と第 3 軸はカルダン角と対応しています．本書では数式展開しませんが，両者は数学的に変換可能です[36]．

では，Joint Coordinate System の利点は，順序依存性がないという点です．また，e_1，e_2，e_3 という単位ベクトルを用いることで，関節の回転だけでなく並進移動成分も表記可能です．屈曲伸展角度，内外転角度，回旋角度のように，医学的な解釈も容易です．ただし，一般的な角度ゼロの定義と 90 度ずれた角度が

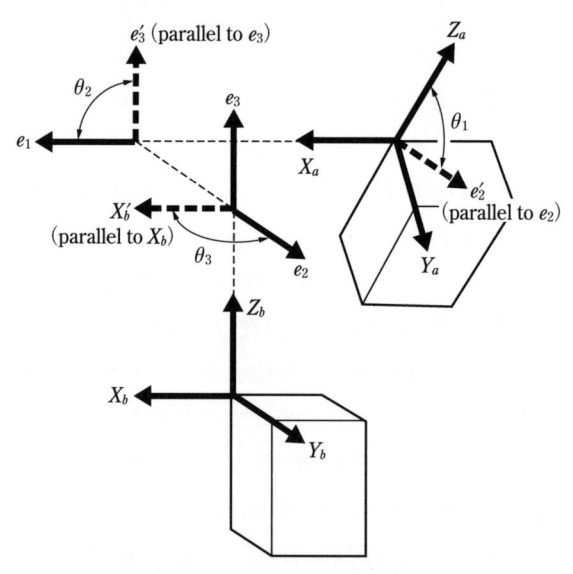

図 3.18　Joint Coordinate System

計算されるので姿勢に応じて換算する必要があります．なお，ジンバルロックの問題は解決していません（X_a 軸と Z_b 軸のなす角度が小さくなると計算誤差が増大）．

（3）Helical angles

3つめに紹介するのは**ヘリカル軸**です．これは，Woltring らによって提案された方法[37]で，1つの物体が，ある参照姿勢から別の姿勢に移動したとき，その位置と姿勢の変化を1つの仮想軸まわりの回転と並進で記述する方法です（図3.19）．この軸を，Finite Helical Axis と呼びます．1つの物体の2時点での姿勢が表現できるのですから，2つの物体の相対位置と姿勢も表現できます．それが，Helical angles です．数学的な証明は省きますが，オイラー／カルダン角と Helical angles は変換可能です[37]．

Helical angles の最大の特徴は，ジンバルロックを回避できる点です．回転も1回しかないのですから順序依存性もありません．もし，対象関節が指節関節や

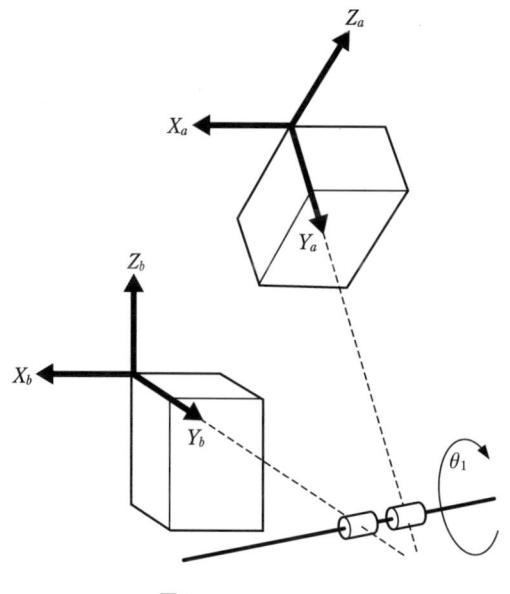

図 3.19　Helical angles

膝関節のように，ほとんど1自由度しかない関節であれば，Helical angles はオイラー／カルダン角や，Joint Coordinate System とほぼ一致します．ただし，多自由度関節ではそうはいきません．したがって，一般的には医学的な角度に対応づけて解釈するのが困難です．

3.6.2 運動データの記述形式

形状データにさまざまな記述形式（ファイル形式）があるように，人体運動データもさまざまな記述形式が混在しています．バイオメカニクス分野で使われるファイル形式と，コンピュータグラフィクス分野で使われているファイル形式とに大別できます．ただし，バイオメカニクス分野であっても，データの**可視化**（Visualization）のためにコンピュータグラフィクスの市販ソフトウェアを活用するケースも増え始めており，コンピュータグラフィクスでのデータ形式を知っておくのも役に立つと思います．

基本的には，運動計測システムが各社独自のファイル形式でデータを保存しており，もし他者とデータ交換しないのであれば，それで十分かもしれません．ここでは，そのような独自ファイルではなく，ファイル形式が公開され，そのファイル形式で保存したデータの Viewer や Editor などがツールとして公開されているものを紹介します．

(1) バイオメカニクス分野

バイオメカニクス分野では，C3D，DST，DIFF の3つのファイル形式が有名です．**C3D形式**は，1987年に National Institute of Health で開発されたフォーマットです．Vicon Motion Systems が採用しているデータ形式であり，馴染みのある人も多いと思います．データ形式は Web サイト[38]で公開されており，さまざまなデータ変換ツールやエディタなどが配布されています．

DST形式は，CAMARC (Computer Aided Motion Analysis in Rehabilitation Context) という欧州の団体が策定したファイル形式です．こちらも，Web サイト[39]でファイル形式が公開されており，同サイトからフリーの Viewer や Editor がダウンロードできます．DST ファイルも，Vicon Clinical Manager な

どがサポートしているようです.

3つめの DIFF は,純日本製のファイル形式です.といっても,立派な世界標準のひとつとして認知されています.臨床歩行分析研究会が策定したデータ互換用のファイルフォーマットで,人間中心の座標系をとっている点が特徴です.歩行データをターゲットとした仕様になっていますが,そのほかの運動データにも十分利用できます.ファイル形式は,臨床歩行分析研究会の Web サイト[40]で公開されています.このファイル形式に対応した,さまざまなソフトウェアツールが公開されており,同研究会会員であれば,関節モーメントの計算やグラフ表示,Poser というアニメーションソフトウェアとのリンクツールなどを入手できます.

(2) コンピュータグラフィクス分野

一方のコンピュータグラフィクス分野では,BVH というファイル形式が有名です.これは,BioVision 社という運動計測サービスをしていた会社が開発したフォーマットで,BioVision Hierarchical Format の略だそうです.多くのコンピュータグラフィクスソフトウェアが,このフォーマットに対応しています.BVH ファイル形式を記述したものとして,筆者の手元にあるのは,SIGGRAPH というコンピュータグラフィクスの国際会議で,1999 年に行われたチュートリアルのテキストです.同内容が,Web サイト[41]でも閲覧できます.

コンピュータグラフィクス分野でもうひとつ重要なのが,MPEG-4 という規格です.MPEG というと,デジタル動画圧縮の国際標準規格です.実は,MPEG-4 の中に人体運動記述の規格が盛り込まれているのです.これは,スイス EPFL の Thalmann 教授らが策定していた H-Anim という形式がベースになっています[42].コンピュータグラフィクスとはいえ,骨格などの詳細な情報が記述様式になっています.

せっかくですので,コンピュータグラフィクスについても,日本発のフォーマットを紹介しておきます.SEGA が,東京大学・中村仁彦教授の研究室と共同で開発した Animanium というソフトウェアです[43].人間だけでなく,動物などさまざまな骨格系の生きものの動きを記述,編集できるフォーマットと,そのソ

フトウェア群が開発されていて，SEGAから販売されています．

3.7 運動データ分析

運動データの処理については，床反力計測のところで挙げた参考書籍が役に立ちます[17~19]．これらの書籍に計測の原理，計測誤差の検証方法，床反力計との同時計測，関節モーメントの計算方法，さらにその読み方や利用方法まで丁寧に解説されています．本書の目的は，これらの書籍に載っていないようなノウハウを伝えることにあります．理論の詳細よりは考え方の大要と具体的な処理方法を記載したいと思います．

運動分析手法は大きく3つに分けることができます．第一は**運動学**（kinematics）です．これは関節角度を中心とした分析で，目で見える運動の違いを定量的に比較する方法です．第二は**運動力学**（kinetics, dynamics）です．こちらは運動データだけでは分析できません．先に述べたような床反力データなどを併用して体に働く力（関節モーメントなど）を計算し，目に見えにくい働きを定量的に分析する方法です．第三は第二の方法を拡張したもので，人体を3.1節で述べたような剛体リンクモデルとするだけでなく，そこに筋骨格系のモデルを加えて，運動中に働く筋力を推定する方法です．

3.7.1 運動学的分析

運動データから時間や関節角度の指標を計算します．移動を伴う運動であればさらに移動距離を用いた指標が加わります．

（1）時間因子

周期的な運動であれば1周期の時間が指標になります．歩行分析における**ケーデンス**（Cadence，**歩調**）はこれに相当します．1周期のうちにある特定のキー姿勢がある場合，それで運動区間を切り分け，区間ごとの時間比率を指標化することもできます．歩行の場合，両足立脚期と片足立脚期に分けられますから，これの比率も指標になります．

（2） 角度因子

関節角度では，最大角度や最小角度，角度振幅などを指標にすることができます．周波数分析を行って周波数成分比から運動のなめらかさなどを指標化することもできます．

（3） 距離・並進移動因子

歩行や昇降など並進移動を伴う動作では，その移動量そのものが指標となります．また，時間因子と組み合わせることで移動速度の指標を計算できます．

3.7.2 運動力学的分析

床反力データや足底圧力分布データによる分析，あるいはそれらと運動データを統合して分析する方法です．本書では運動計測を目的としているので，床反力データのみ，足底圧力分布データのみに基づく力学的分析については触れません．これらに興味のある方は，参考書籍や文献を参照してください．

3.4.2項で述べたように運動データと床反力データの時空間同期ができれば，剛体リンクモデルをベースとした運動力学的分析が可能になります．それぞれの節に働く力は慣性力と外力であり，慣性力は運動データから得られる加速度・角加速度によって生じます．外力には隣接する節から伝達されるものと，その節に直接働く外力とがあります（図3.20）．床反力などで実測しているものは節に直接働く外力です．これらの向きと大きさを考慮して節ごとに力とモーメントの釣り合い式（図3.20中に記載）を立てれば，関節モーメントや関節パワーを計算できます．このとき，慣性力の計算のために体節ごとの質量と慣性モーメントが必要になります．これらについては，人体慣性特性としてさまざまな推定方法が研究されており，その推定式を利用するのが便利です．既出文献については産総研デジタルヒューマン研究センターのWebサイト（http://www.dh.aist.go.jp/bodyDB/）にまとめてありますので参考にしてください．

力とモーメントの釣り合い式を立てて関節モーメント等を計算することは，プログラム言語やMATLABなどの心得があればさほどむずかしいものではありません．加速度や速度など微分項に相当するデータを実測しているので，単なる

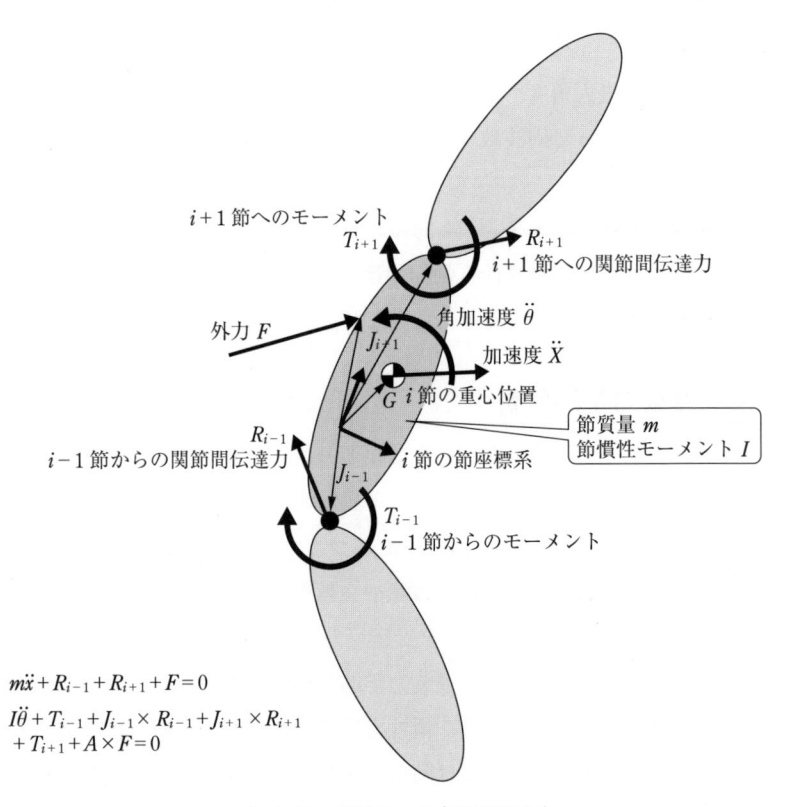

図中ラベル:
- $i+1$ 節へのモーメント T_{i+1}
- R_{i+1}
- $i+1$ 節への関節間伝達力
- 外力 F
- 角加速度 $\ddot{\theta}$
- 加速度 $\ddot{X}$
- G i 節の重心位置
- 節質量 m
- 節慣性モーメント I
- R_{i-1}
- $i-1$ 節からの関節間伝達力
- i 節の節座標系
- T_{i-1}
- $i-1$ 節からのモーメント

$$m\ddot{x} + R_{i-1} + R_{i+1} + F = 0$$
$$I\ddot{\theta} + T_{i-1} + J_{i-1} \times R_{i-1} + J_{i+1} \times R_{i+1} + T_{i+1} + A \times F = 0$$

図 3.20 剛体リンク各節に働く力

連立方程式（＝行列）を解くだけです．プログラミングが苦にならないのであれば，自分でプログラムを書いてみると，どの項の影響が大きいかなどがよくわかり，理解が深まります（スポーツや衝突のような加速度の大きな運動ではない日常生活動作では，慣性項はさほど大きくない）．ただ，自分でつくったプログラムの確認のためにも，便利な既存分析ツールについては知っておいたほうが便利です．もちろん，自分でプログラムを組むつもりのない方は，既存分析ツールを利用して簡便に解析ができます．

まず，臨床歩行分析研究会が会員向けに配布している DIFFGAIT という分析ツールがあります．3.6.2 項で述べた DIFF 形式のフォーマットのデータを読み

込んで関節中心を推定し，関節角度やモーメント，パワーを計算してくれます．このほかに，Vaughanらによる3次元歩行解析ソフトウェアGAITLAB (http://www.kiboho.co.za/GaitCD)，C-Motion Inc.のVisual 3Dなどがよく使われているようです．

　計算された関節モーメントや関節パワーから運動を理解し把握するのは，モーメントやパワーの意味がよくわかっている研究者にとっても容易なことではありません．それでも，これを怠って計算結果を並べるだけでは意味がありません．煩雑な関節モーメント計算をする目的は，現象として観察される運動を引き起こした本質的な働き（動きをつくりだした人間の意図や制御）を知ろうというところにあります．よく知られた例ですが，ひとつだけ実例を紹介しておきます．

　図3.21は歩行中の右膝の関節角度変化と関節モーメント，関節パワーを表したものです．図中にキーとなる時点を描き入れておきました．右足の踵接地（RHC）から，左足のつま先離地（LTO），左足の踵接地（LHC），右足のつま先離地（RTO），再び右踵接地（RHC）と続きます．関節角度は大きく2つの山を描いています．最初に踵を設置したときに少し曲がって，再び伸展し，その後，足を空中で前方に振り出すために大きく屈曲しています．3.5.6項の運動学的分析手法では，この波形のみから指標を計算します．

　運動力学的分析では，これに関節モーメントを加えて考えます．なぜ着地したあとに「少し屈曲する」のかを考えてみます．図中のアミ掛けの区間です．このとき，膝は徐々に屈曲していますが，計算されたモーメントを見ると伸展モーメントが発生していることがわかります．大腿四頭筋などを使って（人間は）膝を伸ばそうとしているのですが，結果的に膝は屈曲していることになります．関節モーメントの向き（伸展）と膝関節運動の向き（屈曲）が逆になっているため，関節パワーは負になっています．エネルギーの吸収が起きているのです．つまり「人は踵が床に接地したとき，踵に働く着地衝撃で膝折れが起きるようにし，かつ膝折れにブレーキをかけるような筋力を発揮させて衝撃エネルギーを吸収している」というようなことがわかるのです．

　関節モーメントといっても人間の関節にはロボットのようにモーターがついて

図3.21　歩行中の右膝の関節角度，関節モーメント，関節パワーの変化

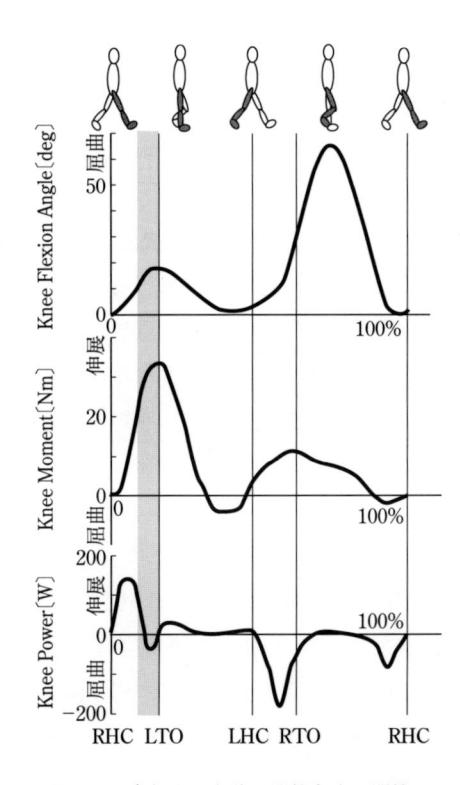

RHC：Right Heel Contact
LTO：Left Toe Off
LHC：Left Heel Contact
RTO：Right Toe Off

いるわけではないので，それは結局，筋力の働きであるということになります．ただし，計算された関節モーメントをそのまま筋力の働きと見るには問題があります．人間は伸筋と屈筋を同時に働かせて（拮抗），関節を硬くしながら動かすことがあります．このような場合，関節モーメントには伸筋によるモーメントと屈筋によるモーメントの差分しか出てきません．また，モーメント計算に関節受動抵抗を加えていない場合では，筋力で支えているのではなく，関節が受動的な構造で支えている場合に大きなモーメントが計算されます．

　たとえば，掌を上にむけて腕を前方に伸ばしたとき，肘関節は構造的にロックしており，肘を伸展位に保つために筋力を働かせているわけではありません．それでも，計算上は肘関節にも大きな屈曲モーメントが表れるのです．これらの点

に留意して，モーメントやパワーを分析することが重要です．

なお，臨床歩行分析研究会では，運動力学解析とデータ理解のためのセミナーを開催しています．こういうセミナーを利用するのもよいでしょう．

3.7.3　筋骨格系モデルによる分析

剛体リンクモデルによる分析では，関節モーメントまでしか計算できません．人間の関節にはモーターがついているのではなく，関節モーメントは筋の働きによって生じているのですが，その筋力自体を計算できるわけではないのです．基本的な考え方は，剛体リンクモデルから計算された関節モーメントがその関節に付着している筋によって生成されたものと考え，モーメントを筋力に分配するというものです．

人体の関節において，筋は関節中心に付着しているのではなく，関節中心から少し離れた場所に付着しています．ですから，筋が収縮することで，関節中心と筋付着位置の距離をテコの長さ（**モーメントアーム**）とした関節モーメントが働きます．1つの関節に付着している筋は1つではありません．複数の筋が協働的に作用して最終的に1つの関節モーメントとなります．計算上は先に合成した関節モーメントが得られますので，それを複数の筋力によるモーメントに配分することになります．関節ごとに筋の数も違いますし，筋ごとに付着位置も異なります．

したがって，どのような筋が，関節に対してどの位置に，どの向きについているかという構造がわからなければ配分計算ができません．そこで，剛体リンクモデルとともに関節への筋の付着位置や走行の構造を幾何学的にモデル化した筋骨格系モデルを利用します．実際には筋骨格系モデルを使っても関節モーメントの筋力分配計算はうまくいきません．そもそも複数の筋で生成されたモーメントを足した結果が関節モーメントであり，この逆問題を数学的に一意に解くことはできないからです．3つの数字を足したら10になった，3つの数字をいい当てろ，という問題に唯一の答えがないのと同じことです．

そこで評価関数を導入し，その評価関数の値が目標値に近づくように筋力配分

を最適化する方法が利用されます．単純に考えると「筋力の総和最小」というのがよさそうですが，実はそうではありません．筋力の総和を最小化すると，関節に付着する筋のうちもっともモーメントアームの長い筋が1人で活躍し，残りの筋がすべてお休みするというのがもっとも合理的だということになってしまいます．

そこで，多くの研究では筋の生理断面積に応じた「筋疲労最小」という評価関数を利用しています．

筋骨格系モデルによる筋力推定の研究としては，山崎のモデル[44]が有名です(図 3.22)．近年では，この筋骨格系モデルを3次元にして筋走行経路まで考え，筋の協調動作を踏まえて筋力推定の最適化計算をしています[45~49](図 3.23)．こうなると，気軽にプログラミングできるレベルではありません．筋骨格系モデルを独自開発している研究者にコンタクトをとって共同研究するか，あるいは市販の筋骨格系モデルを備えたソフトウェアを利用するのが合理的でしょう．筋骨格系モデルを備えたソフトウェアとしては，Musculographics Inc. の SIMM が有名です．これ以外にも，J. Rassmussen らの研究成果[48]に基づく Anybody Technology 社の Anybody，幸村拓らの研究成果[49]に基づく G-Sport 社の ARMO などがあります．

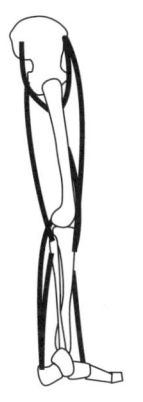

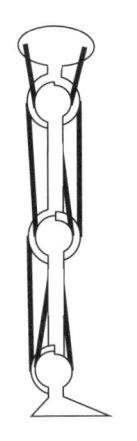

(a) 人間の下肢筋骨格系構造　(b) 筋付着位置のモーメントアームを考慮した筋骨格系モデル

図 3.22　2 次元筋骨格系モデル（山崎のモデル，文献 44 中の図を改変）

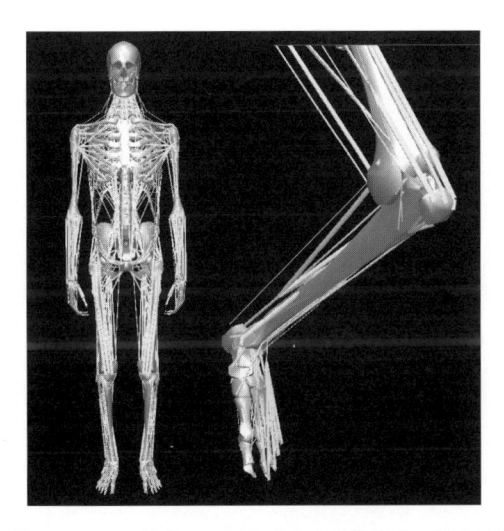

図 3.23　3 次元筋骨格モデルの例（文献 49 参照，東京大学情報理工学系研究科・山根克氏提供）

参考文献

第1章 人体寸法計測

1) Martin, R. und R. Knussmann: Anthropologie. Band I., Gustav Fischer (1988).
2) 鈴木尚:人体計測, 人間と技術社 (1973).
3) 保志宏:生体の線計測法, てらぺいあ (1989).
4) 保志宏, 江藤盛治, 河内まき子:人類学講座別巻1 人体計測法, 雄山閣 (1991).
5) 生命工学工業技術研究所編:設計のための人体計測マニュアル, 日本出版サービス (1994).
6) Kouchi, M., Mochimaru, M, Tsuzuki, K. and Yokoi, T.: Random Errors in Anthropometry, Journal of Human Ergology, 25, 155-166 (1996).
7) Kouchi, M. and Koizumi, K.: An analysis of errors in craniometry. J. Anthropological Society of Nippon, 93(4), 409-424 (1986).
8) Hrdlička, A.: Anthropometry. The Wistar Institute of Anatomy and Biology. Philadelphia (1920).
9) ISO 15535: 2003, General requirements for establishing anthropometric databases (2003).
10) Kouchi, M.: Secular changes in the Japanese head form viewed from somatometric data, Anthropological Science, 112, 41-52 (2004).
11) 河内まき子, 持丸正明:人体寸法データベースについて, くらしとJISセンター研究報告集, 4, 46-53 (2000).

12) 河内まき子, 持丸正明：人体寸法データベース, ヒューマンインタフェース学会誌, 4, 252-258 (2000).
13) (社)人間生活工学研究センター：日本人の人体計測データ Japanese bodysize data '92-'94 (1997).
14) 河内まき子ほか：設計のための人体寸法データ集, 生命工学工業技術研究所技術報告 (1994).
15) 生命工学工業技術研究所編：設計のための人体寸法データ集, 日本出版サービス (1996).
16) (社)人間生活工学研究センター：平成12年度　高齢者対応基盤整備研究開発　第I編　データベース整備（寸法・形態特性）(2001).
17) (社)人間生活工学研究センター：平成13年度　高齢者対応基盤整備研究開発　第I編　データベース整備（寸法・形態特性）(2002).
18) Harrison, C. R., Robinette, K. M.：CAESAR：Summary statistics for the adult population (ages 18-65) of the United States of America, AFRL-HE-WP-TR-2002-0170 (2002).
19) ADULTDATA. 1998：The Handbook of Adult Anthropometric and Strength Measurements-Data for Design Safety. Government Consumer Safety Research, Department of Trade and Industry.
20) OLDER ADULT DATA. 2000：The Handbook of Adult Anthropometric and Strength Measurements-Data for Design Safety. Government Consumer Safety Research, Department of Trade and Industry.
21) CHILDATA. 1995：The Handbook of Adult Anthropometric and Strength Measurements-Data for Design Safety. Government Consumer Safety Research, Department of Trade and Industry.
22) Bittner Jr., A. C., Wherry Jr., R. J., Glenn III, F. A., Harris, R. M.：Carde：a family of manikins for workstation design, Technical Report 2100. 07 B (1986).
23) JIS Z 8500：2002 人間工学—設計のための基本人体測定項目 (2002).

24) ISO 7250 : 1996 Basic human body measurements for technological design（1996）.
25) ISO 20685 : 2005 3-D scanning methodologies for internationally compatible anthropometric databases（2005）.

第2章　人体形状計測

1) 井口征士：広がりを見せる三次元計測技術, 計測と制御, 31(9), 968-974（1992）.
2) 小澤慎治：三次元画像計測技術, 日本機械学会誌, 98(918), 385-388（1995）.
3) 吉澤徹：三次元工学 1―光三次元計測(第 2 版), 新技術コミュニケーションズ(1998).
4) 吉澤徹：光によるヒトの 3 次元形状計測, 計測と制御, 39(4), 267-272（2000）.
5) 河内まき子, 持丸正明：形状スキャナによる人体寸法計測の誤差要因の検討：計測時の姿勢による寸法の違い, Anthropological Science（Japanese Series), 113, 63-75（2005）.
6) 持丸正明, 河内まき子, 大矢高司：人体形状の高速・隠れなし計測装置の開発. 第 19 回センシングフォーラム, 47-52（2002）.
7) 舩富卓哉, 飯山将晃, 角所考, 美濃導彦：身体動揺を考慮した人体形状の計測, 画像の認識・理解シンポジウム MIRU 2004, I-565-570（2004）
8) Mochimaru, M., Kouchi, M., Dohi, M. : Analysis of 3D human foot forms using the FFD method and its application in grading shoe last, Ergonomics, 43(9), 1301-1313（2000）.
9) Allen, B., Curless, B., Popovi'c, Z. : The space of human body shapes : reconstruction and parameterization from range scans, ACM SIGGRAPH2003（2003）.
10) 稲垣知大, 浅田友紀, 倉賀野譲, 鈴木宏正, 持丸正明, 河内まき子：解剖学的特徴点による点群からの足形状の再構成と人体寸法の抽出, 精密工学会春

季大会学術講演会, (2004).

11) Mochimaru, M., Kouchi, M.: Statistics for 3D human body forms, SAE Digital Human Modeling for Design and Engineering 2000, SAE Technical Paper 2000-01-2149 (2000).

12) Allen, B., Curless, B., Popovi'c, Z.: Exploring the space of human body shapes: data-driven synthesis under anthropometric control, SAE Digital Human Modeling for Design and Engineering 2004, SAE Technical Paper 2004-01-2188 (2004).

13) Kouchi, M., Mochimaru, M.: Inter-individual variations in intra-individual shape change patterns, Digital Human Modeling for Design and Engineering 2006, SAE Technical Paper 2006-01-2353 (2006).

14) 持丸正明, 河内まき子：適合メガネフレーム開発を目的とした3次元顔形状分類, バイオメカニズム 16, 87-99, 東京大学出版会 (2002).

15) Kouchi, M., Mochimaru, M.: Analysis of 3D face forms for proper sizing and CAD of spectacle frames, Ergonomics, 47(14), 1499-1516 (2004).

第3章 運動計測

1) Abdel-Aziz, Y. I., Karara, H. M.: Direct linear transformation from comparator coordinates in close-range photogrammetry, ASP Symposium on Close-Range Photogrammetry, 1-18 (1971).

2) Marzan, G. T., Karara, H. M.: A computer program for direct linear transformation solution of colimearity condition, and some application of it, ASP/UI Symposium on Close-Range Photogrammetry, 420-476 (1975).

3) Hatze, H.: High-precision three-dimensional photogrammetric calibration and object space reconstruction using modified DLT-approach, Journal of Biomechanics, 21, 533-538 (1988).

4) Miller, N. R., Shapiro, R., McLaughlin, T. M.: A technique for obtaining

spatial kinematic parameters of segments of biomechanical system from cinematographic data, Journal of Biomechanics, 13, 535-547 (1980).

5) Dapena, J., Harman, E. A., Miller, J. A. : Three-dimensional cinematography with control object of unknown shape, Journal of Biomechanics, 15(1), 11-19 (1982).

6) Tsai, R. Y. : A versatile camera calibration technique for high-accuracy 3D machine vision metrology using off-the-self TV cameras and lenses, IEEE Journal of Robotics and Automation, RA-3(4), 323-344 (1987).

7) Cappozzo, A., Croce, U. D., Leardini, A., Chiari, L. : Human movement analysis using stereophotogrammetry Part 1 : theoretical background, Gait and Posture, 21, 186-196 (2005).

8) Ehara, Y., Fujimoto, H., Miyazaki, S., Mochimaru, M., Tanaka, S., et. al : Comparison of the performance of 3D camera systems II, Gait and Posture, 5, 251-255 (1997).

9) Fishler, M. A., Bolles, R. C. : Random sample consensus : a Paradigm for model fitting with application to image analysis and automated cartography, Communication of the ACM, 24(6), 381-395 (1981).

10) Nisida, Y., Aizawa, H. : 3D ultrasonic tagging system for observing human activity, IEEE/RSJ International Conference on Intelligent Robots and Systems (IROS 2003), 785-791 (2003).

11) 上田雄一, 日吉克彦：ジャイロセンサの仕組みと活用法, エレクトロニクスライフ, 10, 30-36 (1994).

12) Chao, E. Y. S. : Justification of triaxial goniometer for measurement of joint rotation, Journal of Biomechanics, 13, 989-1006 (1980).

13) 森本正治, 山下保：導電性ゴム方式2軸型フレキシブル関節角度計の開発, バイオメカニズム 12, 223-230 (1994).

14) Della Croce, U., Cappozzo, A. : A spot check for estimating stereophotogrammetric errors, Medical & Biological Engineering & Computing,

38（3）, 260-6（2000）.

15) Chiari, L., Croce, U. D., Leardini, A., Cappozzo, A.：Human movement analysis using stereophotogrammetry Part 2：Instrumental errors, Gait and Posture, 21, 197-211（2005）.

16) 持丸正明：リアルタイムモーションキャプチャ, 日本ロボット学会誌, 23（3）, 290-293（2005）.

17) 窪田俊夫, 山崎信寿：歩行分析データ活用マニュアル―床反力編―, てらぺいあ(1994).

18) 臨床歩行分析研究会：関節モーメントによる歩行分析, 医歯薬出版株式会社(1997).

19) 高橋正明, 山本澄子：理学療法 MOOK 6 運動分析, 三輪書店(2000).

20) Bryant, J. T., Wevers, H.：Method of data smoothing for instantaneous centre of rotation measurements, Medical & Biological Engineering & Computing, 22, 597-602（1984）.

21) Davis, R. B., Ounpuu, S., Tybruski, D., Gage, J. R.：A gait analysis data collection and reduction technique, Human Movement Science, 10, 575-587（1991）.

22) Vaughan, C. L., Davis, R. B., O'Conners, J. C.：Dynamics of human gait, 15-43, Human Kinetics Publisher（1992）.

23) Kadaba, M. P., Ramakrishnan, H. K., Wootten, M. E.：Measurement of lower extremity kinematics during level walking, Journal of Orthopaedic Research, 8, 383-392（1990）.

24) 臨床歩行分析懇談会：歩行データ・インターフェイス・ファイル活用マニュアル　歩行データフォーマット標準化提案書(1992).

25) Leardini, A., Cappozzo, A., Catani, F., Toksvig-Larsen, S., Petitto, A., et. al：Validation of a functional method for the estimation of hip joint centre location, Journal of Biomechanics, 32, 99-103（1999）.

26) Bell, A. L., Pedersen, D. R., Brand, R. A.：A comparison of the accuracy

of several hip center location prediction methods, Journal of Biomechanics, 23(6), 617-21 (1990).

27) 倉林準, 持丸正明, 河内まき子：股関節中心推定方法の比較・検討, バイオメカニズム学会誌, 27(1), 29-35 (2003).

28) Bao, H., Willems, P. Y. : On the kinematic modelling and the parameter estimation of the human shoulder, Journal of Biomechanics, 32(9), 943-50 (1999).

29) Aoki, K., Kouchi, M., Mochimaru, M., Kawachi, K. : Functional shoulder joint modeling for accurate reach envelopes based on kinematic estimation of the rotation center, SAE Digital Human Modeling for Design and Engineering Symposium 2005, SAE Transactions Paper 2005-01-2726 (2005).

30) Leardini, A., Chiari, L., Croce, U. D., Cappozzo, A. : Human movement analysis using stereophotogrammetry Part 3 : Soft tissue artifact assessment and compensation, Gait and Posture, 21 (2005).

31) Sati, M., de Guise, J. A., Larouche, S., Drouin, G. : Quantitative assessment of skin-bone movement at the knee, The Knee, 3, 121-138 (1996).

32) Sati, M., de Guise, J. A., Larouche, S., Drouin, G. : Improving in vivo knee kinematic measurements : application to prosthetic ligament analysis, The Knee, 3, 179-190 (1996).

33) Bodenheimer, B., Rose, C., Rosenthal, S., Pella, J. : The process of motion capture : dealing with the data, Eurographics CAS '97, 1-14 (1997).

34) Nigg, B. M., Herzog, W. : Biomechanics of the Musculo-skeletal System, John Wiley & Sons Ltd. (1998).

35) 石田明允：関節運動とその計測, 医用電子と生体工学, 5(1), 1-6 (1991).

36) Grood, E. S., Suntay, W. J. : A joint coordinate system for the clinical description of three-dimensional motions : application of the knee, Transac-

tion of ASME Journal of Biomechanical Engineering, 105, 136-144 (1983).
37) Woltring, H. J., Huiskes, R., Lange, A. D.: Finite centroid and helical axis estimation from noisy landmark measurements in the study of human joint kinematics, Journal of Biomechanics, 18(5), 379-389 (1985).
38) http://www.c3d.org/
39) http://www.emgsrus.com/camarc.htm
40) http://www.ne.jp/asahi/gait/analysis/comparison99/DIFF-SPEC-J.pdf
41) http://www.cs.wisc.edu/graphics/Courses/cs-838-1999/Jeff/BVH.html
42) http://coven.lancs.ac.uk/mpeg4/
43) http://sega.jp/animanium/
44) 山崎信寿：2足歩行の総合解析モデルとシミュレーション, バイオメカニズム 3, 261-269, 東京大学出版会 (1975)
45) 長谷和徳, 山崎信寿：汎用3次元骨格モデルの開発, 日本機械学会論文誌, C-61(591), 295-300 (1995)
46) Nakamura, Y., Yamane, K., Suzuki, I., Fujita, Y.: Dynamic computation of musculo-skeletal human model based on efficient algorithm for closed kinematic chains, Proceedings of the 2nd International Symposium on Adaptive Motion of Animals and Machines, Kyoto, 4-8, SaP-I-2 (2003).
47) Yamane, K., Fujita, Y., Nakamura, Y.: Estimation of physically and physiologically valid somatosensory information, IEEE International Conference on Robotics and Automation (ICRA), 2635-2641 (2005).
48) M. de Zee, J. Lem, K. Siebertz and J. Rasmussen: Computer simulations of the active motion system with musculo-skeletal models, SAE Digital Human Modeling for Design and Engineering Symposium 2005, 2005-2001-2705 (2005)
49) 幸村琢, 品川嘉久：筋骨格系モデルを用いた人体動作の生成・変形, 情報処理学会研究報告　グラフィクスとCAD, 2000(115), 31-36 (2000)

索引

■英数字

2値画像処理　72
2点マーカ間距離　99
2変量散布図　21
4元数表現　119
Animanium　123
Boundary family　31
BVH　123
C3D形式　122
CMM（Coordinate Measuring Machine）
　　40
COP（Center of Pressure）　101
DIFF　123
DST形式　122
Finite Helical Axis　121
FIRフィルタ　107
Helen Hayesマーカセット　108
IGES形式　64
IIRフィルタ　107
MAD（Mean Absolute Difference）　7
MPEG-4　123
MP関節　104
NURBS（Non-Uniform Rational B-Splines）曲線　64
Skin Movement Artifact　112
TEM（technical error of measurement）
　　24
ZMP（Zero moment point）　101

■あ

アーティファクト　65
アクティブステレオ法　43
アクロミオン　8
アントロポメータ　2

位置あわせ　50, 65, 73
イリオスピナーレ・アンテリウス　10
イリオスピナーレ・ポステリウス　12

運動学　101, 124
運動計測　81
運動力学　101, 124

エラーデータ除去技術　88

オイラー角　115

■か

外果最突点　15
外側上顆最突点　14
外部同期　96
重ね合わせ　73
合併　50, 66
可動尺　5
カルダン角　116
眼窩点　17
桿状計　2
慣性主軸　71

関節
  MP—— 104
    ——角度表現 114
    ——機構 81
  股—— 104
  足—— 104
  膝—— 104
簡便な検証方法 93

機械式 40
キャリブレーションデータ 50
曲面パッチモデル 64
曲面モデル 64
曲面モデル化 70

くり返し性能 53

形状スキャナ 44
計測
  運動—— 81
    ——周波数 94
  受動型—— 42
  人体運動——システム 82
  人体形状—— 35
    ——精度 93
  多方向—— 50
  電子工学式標点——法 83
  能動型—— 42
    ——範囲 92
  リアルタイム—— 95
計測点 7
ケーデンス 124
肩峰点 8

光学式 40
校正 84
剛体リンクモデル化 81
股関節 104
誤差 55
骨格 72
骨基準解剖学座標系 113

固定尺 5
コンピュータグラフィクス 47

■さ

再現性 53
細線化 72
最大身長 7
細分割曲面 74
サブピクセル処理 85

耳眼面 17
磁気式 40
磁気センサ 86
時空間同期 101
耳珠点 17
システム
  人体運動計測—— 82
  モーションキャプチャ—— 82
指標化 70
ジャイロセンサ 89
写真測量学 84
尺骨茎突点 10
遮蔽 83
受動型計測 42
上後腸骨棘点 12
人体
  ——運動計測システム 82
  ——形状計測 35
  ——寸法 1
  相同——形状モデル 74
  標準——モデル 75
身長 7
身長計 6
真度 54, 93
ジンバルロック 118
信頼性の高い検証方法 93

スコヤ 15
スタジオメータ 6
スティリオン・ウルナーレ 10

142　索引

スプラタルサーレ・フィブラーレ　15

正立位姿勢　8
石膏型取り法　37
接触式3次元デジタイザ　40
ゼロモーメントポイント　101

相同人体形状モデル　74
足関節　104
ソフトリアルタイム　95

■た

体節の分割　81
大転子　13
多方向計測　50

超音波センサ　87
腸棘点　10

データ
　エラー──除去技術　88
　キャリブレーション──　50
　　　──処理機能　52
　テクスチャ付き──　51
　点群──　51, 63
　なま──　63
　　──の編集　21
テクスチャ　47
テクスチャ付きデータ　51
点群データ　51, 63
電子光学式標点計測法　83
転子点　13

橈骨点　9
特徴点　36
ドリフト　89
トレーサビリティー　47, 101

■な

なまデータ　63

ノイズ除去　64
能動型計測　42

■は

ハードリアルタイム　95
ばらつき　53, 93

光切断法　44
膝関節　104
脾側中足点　15
標準人体モデル　75
ピンジョイント　82

フーリエ記述子　72

平均絶対誤差　24
ヘリカル軸　121
偏角関数　72

歩調　124
ポリゴン化　69
ポリゴン減数処理　69

■ま

メタタルサーレ・フィブラーレ　15
メリオン・ラテラーレ　14

モアレ法　43
モーキャプ　81
モーションキャプチャ　81
モーションキャプチャシステム　82
モーメントアーム　129
目標集団　25
モデル
　曲面──　64

曲面――化　70
曲面パッチ――　64
剛体リンク――化　81
相同人体形状――　74
標準人体――　75

■や

床反力作用点位置　101

■ら

ラディアーレ　9

リアルタイム
　　――計測　95

〈著者紹介〉

持丸 正明(もち まる まさ あき)
- 学　歴　慶應義塾大学大学院理工学研究科後期博士課程修了（1993）
　　　　　博士（工学）（1993）
- 職　歴　工業技術院 生命工学工業技術研究所 研究員（1993）
　　　　　改組により，産業技術総合研究所 デジタルヒューマン研究ラボ 副センター長（2001）
　　　　　産業技術総合研究所 デジタルヒューマン研究センター 副センター長（2003）
- 著　書　「人間生活工学 第2巻」分担執筆，丸善　ほか

河内まき子(こう ち まき こ)
- 学　歴　東京大学大学院理学系研究科博士課程修了（1979）
　　　　　理学博士（1982）
- 職　歴　東京大学助手（1979）
　　　　　工業技術院 製品科学研究所 主任研究官（1987）
　　　　　改組により，生命工学工業技術研究所 主任研究官（1993）
　　　　　改組により，産業技術総合研究所 デジタルヒューマン研究ラボ 主任研究員（2001）
　　　　　産業技術総合研究所 デジタルヒューマン研究センター 主任研究員（2003）
- 著　書　「設計のための人体計測マニュアル」共著，日本出版サービス　ほか

バイオメカニズム・ライブラリー
人体を測る―寸法・形状・運動―

2006年11月30日　第1版1刷発行	編　者　バイオメカニズム学会 著　者　持丸正明　河内まき子
	発行所　学校法人　東京電機大学 　　　　東京電機大学出版局 　　　　代表者　加藤康太郎
	〒101-8457 東京都千代田区神田錦町2-2 振替口座　00160-5- 71715 電話　(03)5280-3433(営業) 　　　(03)5280-3422(編集)
印刷　三美印刷㈱ 製本　渡辺製本㈱ 装丁　右澤康之	ⓒ Society of Biomechanisms Japan 2006 Printed in Japan

＊無断で転載することを禁じます．
＊落丁・乱丁本はお取替えいたします．

ISBN4-501-32540-2　C3050

東京電機大学出版局 書籍のご案内

バイオメカニズム・ライブラリー
看護動作のエビデンス

バイオメカニズム学会編
小川・鈴木・大久保・國澤・小長谷共著　A5判　176頁
筆者らが約10年にわたり実験・研究してきたボディメカニクスを意識した看護・介助動作について，有効性や活用事例をまとめた関係者必読の書。

バイオメカニズム・ライブラリー
生体情報工学

バイオメカニズム学会編　赤澤堅造 著　A5判　176頁
科学技術と人間の関係が急速に密接になってきている状況で，生体についての基礎知識はエンジニアにとって必須である。生体機能の知識と工学との関連を平易に解説。

看護動作を助ける
基礎 人間工学

小川鑛一 著　A5判　242頁
看護者が患者を看護・介助する際の良好な動作について，人間工学の立場からイラストを多く用いてやさしく解説。

ワトソン
遺伝子の分子生物学　第5版

J・D・ワトソン他 著／中村桂子監訳　A4変型　816頁
生命現象を「ゲノムの働き」で理解するという姿勢を明確に打ち出し，『ゲノムの分子生物学』ともよぶべき新しい教科書。

初めて学ぶ
基礎 制御工学　第2版

森政広／小川鑛一 共著　A5判　288頁
初めて制御工学を学ぶ人のために，多岐にわたる制御技術のうち，制御の基本と基礎事項を厳選し，わかりやすく解説したものである。

バイオメカニズム・ライブラリー
人と物の動きの計測技術
～ひずみゲージとその応用～

バイオメカニズム学会編　小川鑛一著　A5判　144頁
初学者を対象にひずみゲージの原理や使い方を平易に解説。また，筆者の看護・介助師の動作研究をもとにした人間工学への応用事例や手法を解説。

バイオメカニズム・ライブラリー
表面筋電図

バイオメカニズム学会 編
木塚朝博・増田正・木竜徹・佐渡山亜兵 共著
筋電図測定法の基礎から，適切な測定方法の種々ノウハウまでをとりまとめたものである。

看護・介護のための
人間工学入門

小川・鈴木・大久保・國澤・小長谷共著　A5判　216頁
看護・介助分野を対象とした「人間工学」について，多くの図表により初学者向けにやさしく解説。人間工学の有効性や看護師・介助士の身体的安全性についても解説。

代謝工学　原理と方法論

G.N.ステファノポーラス他著　清水・塩谷訳
B5判　578頁
本書は，基本原理から具体的方法論までを工学的応用に向け解説。バイオ技術者や生命工学関係の研究者，学生必携の書。

初めて学ぶ
基礎 機械システム

小川鑛一 著　A5判　168頁
初めて学ぶ人のために，基本的機械要素であるばね，ダンパー，質量の組合せ機械システムに対する運動方程式の誘導方法と，それらを解くラプラス変換についてわかりやすく解説。

＊定価，図書目録のお問い合わせ・ご要望は出版局までお願いいたします。
URL　http://www.tdupress.jp/

KK-004